REPERTORIUM

FÜR

PHYSIKALISCHE TECHNIK

FÜR

MATHEMATISCHE UND ASTRONOMISCHE

INSTRUMENTENKUNDE.

HERAUSGEGEBEN

VON

DR. PH. CARL,

PRIVATDOCENT AN DER UNIVERSITÄT MÜNCHEN.

DRITTER BAND.

ATLAS.

TAFEL I BIS XXVIII.

MÜNCHEN, 1867.

VERLAG VON R. OLDENBOURG.

Verzeichniss der Figurentafeln.

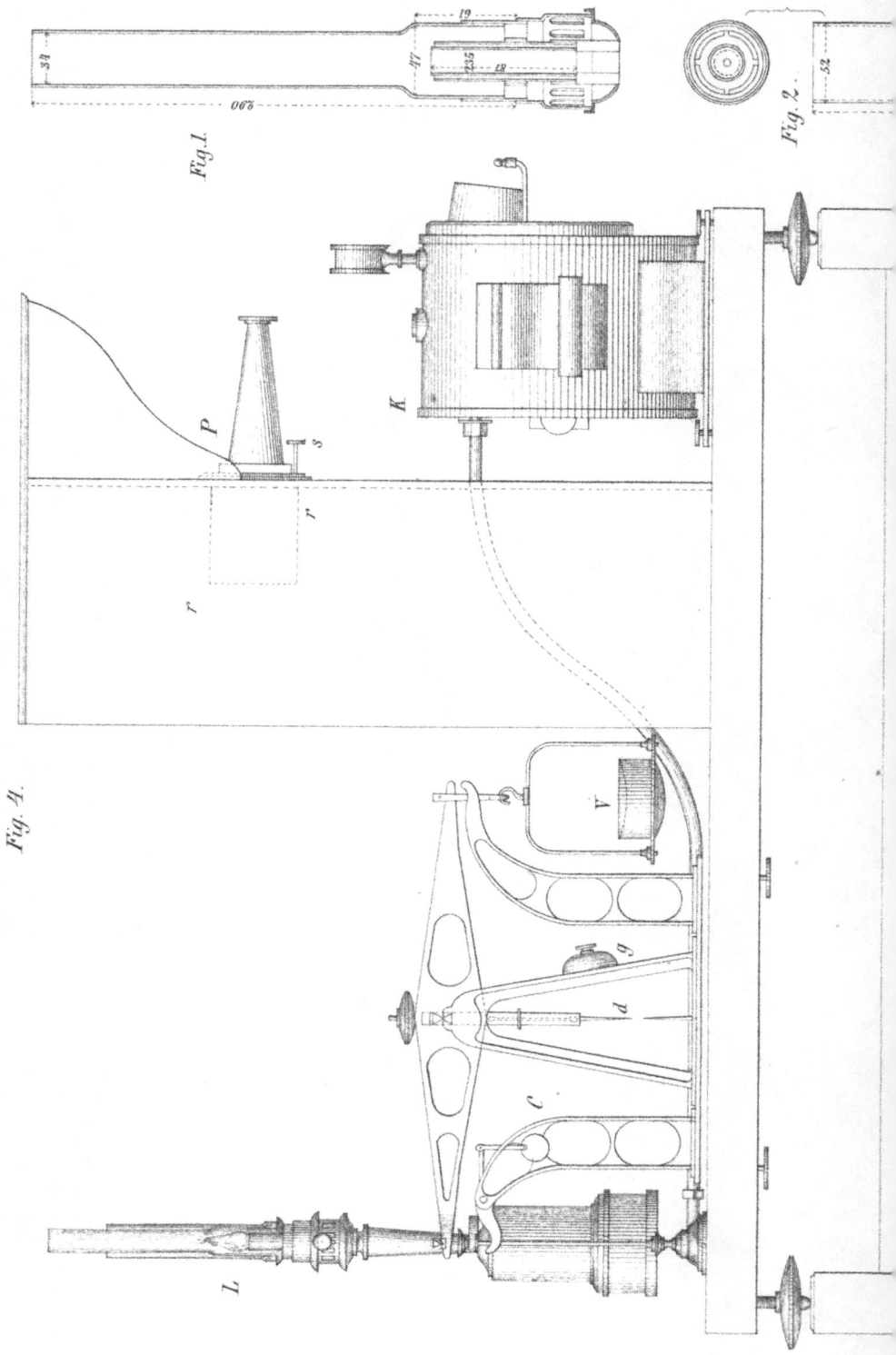

Fig. 1.

34 290 19 117 135 117

Fig. 2. 52

Fig. 4.

K

P s

r r

r

V

g

d

C

L

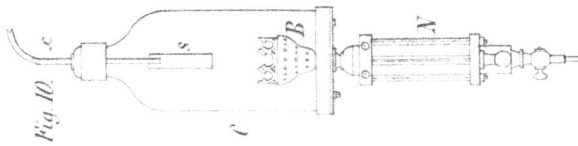

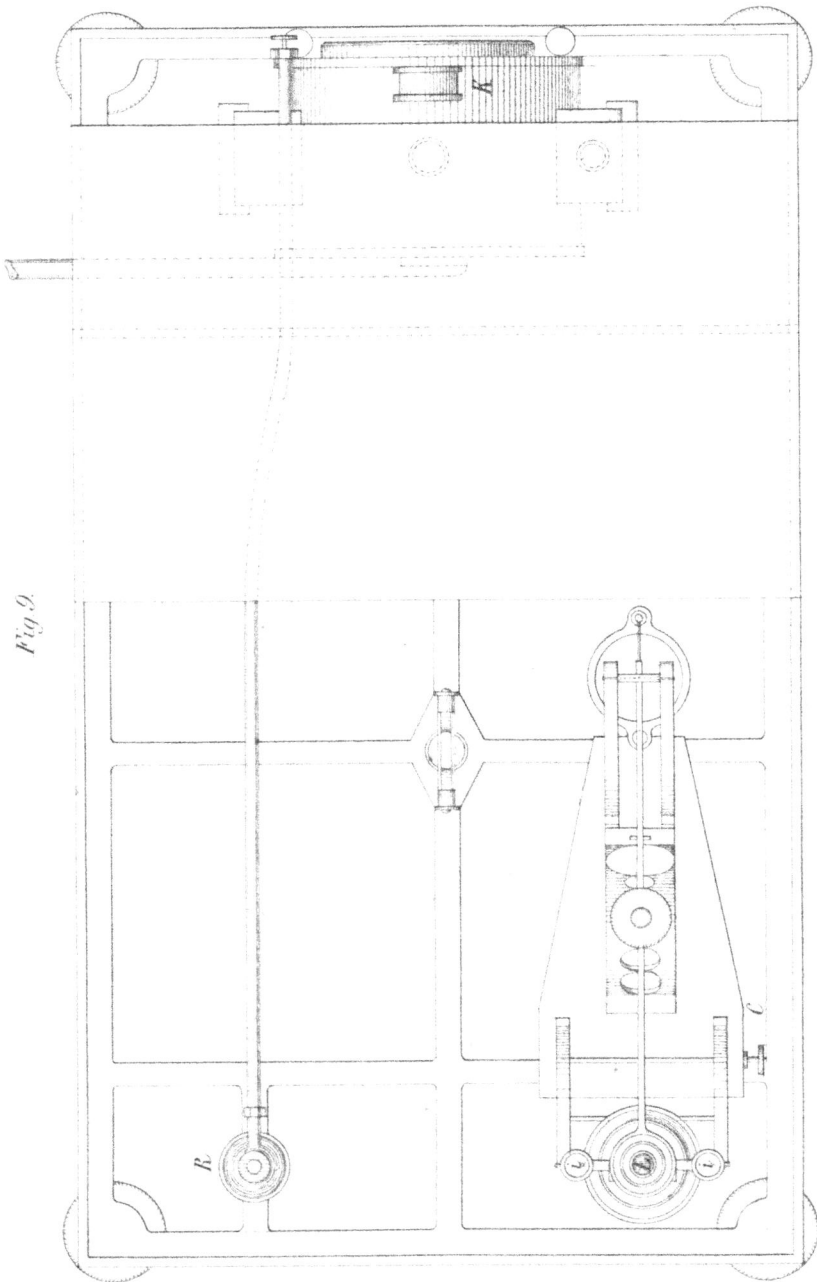

Fig. 10.

Fig. 9.

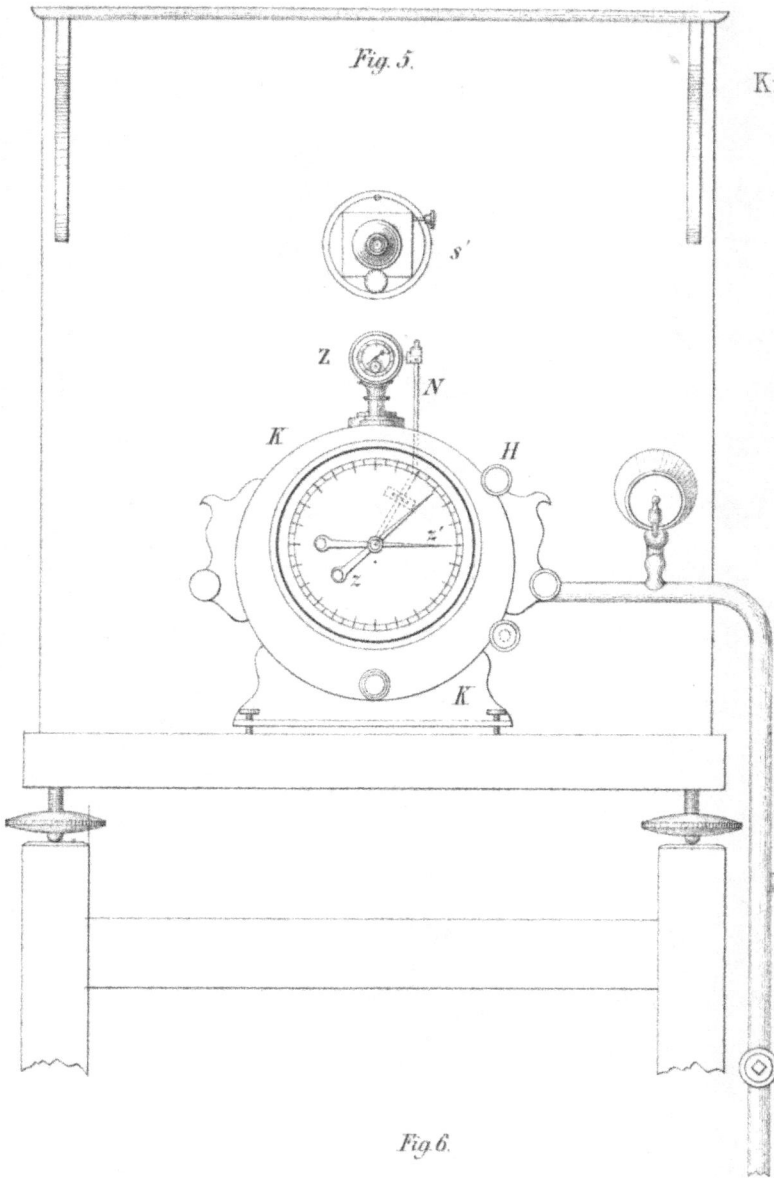

Fig. 5.

Fig. 6.

Fig. 7.

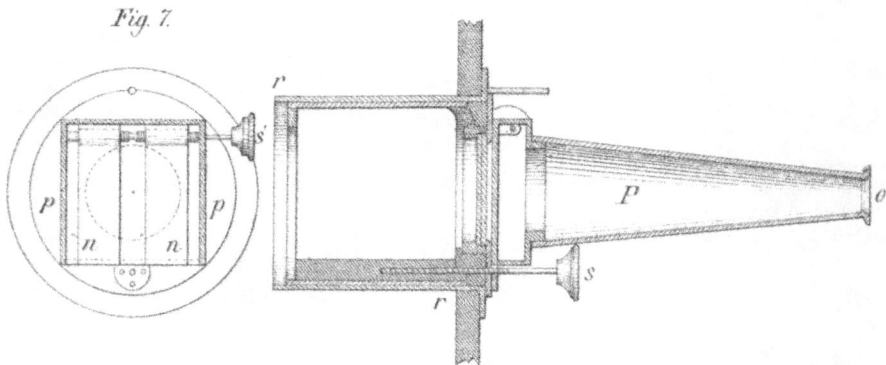

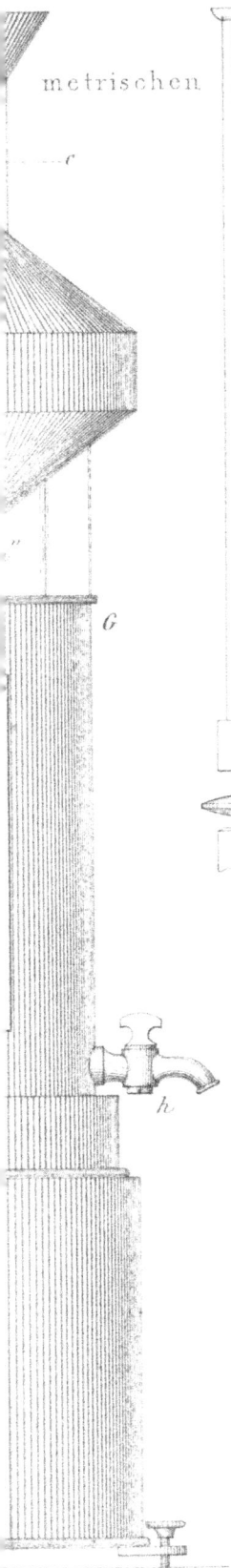

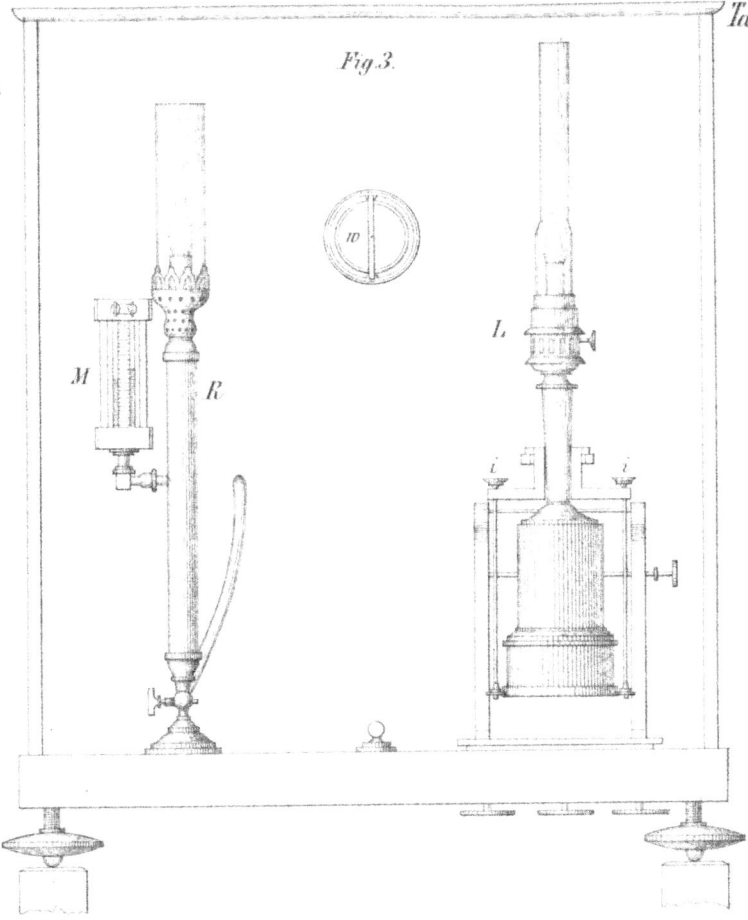

Taf. II.

Fig. 3.

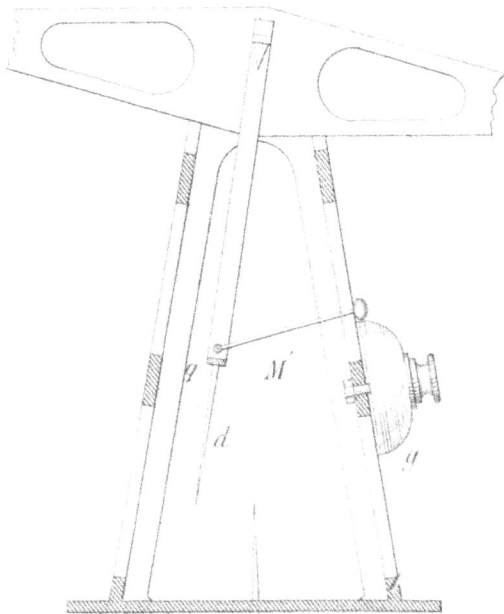

Fig. 8.

Fig. 1.

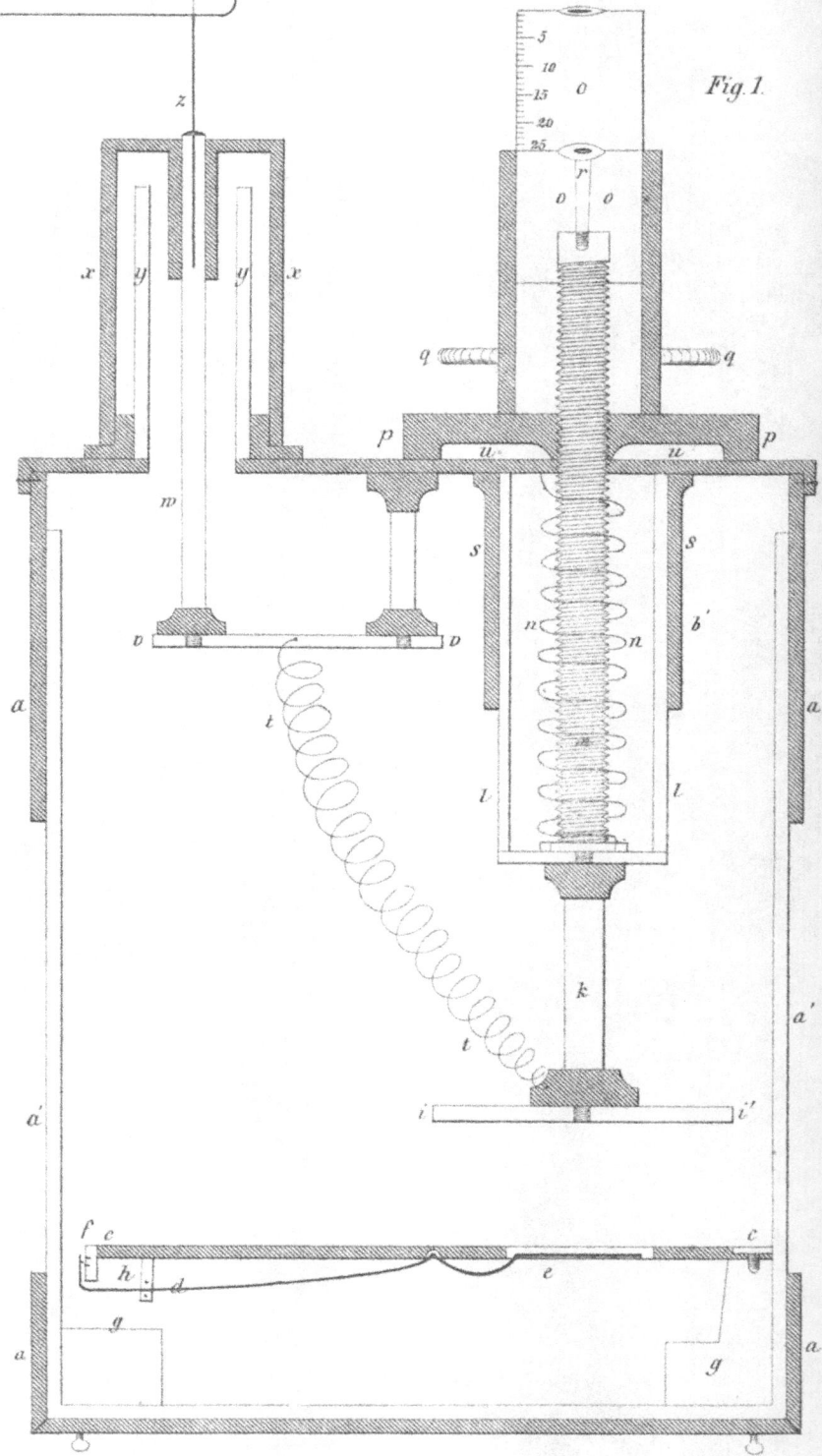

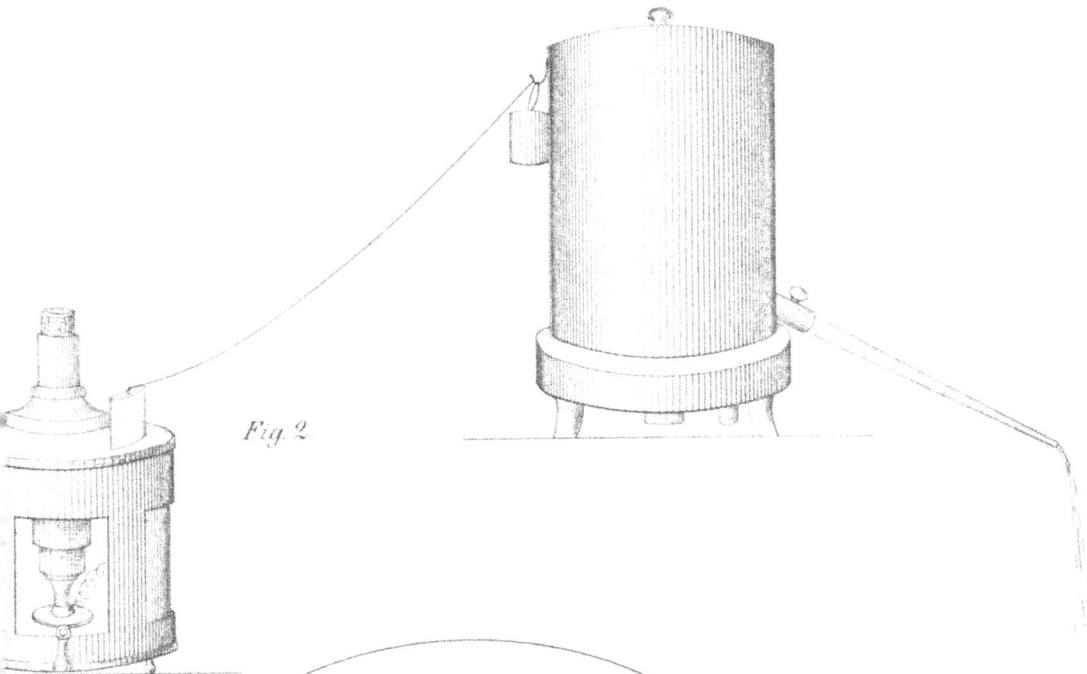

Fig. 2.

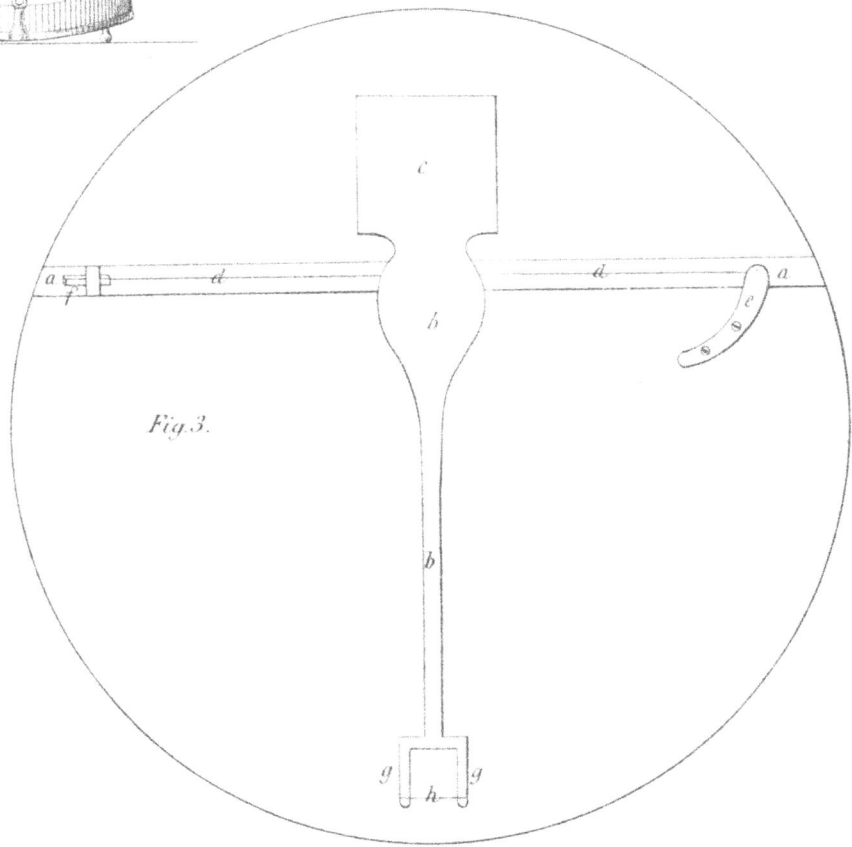

Fig. 3.

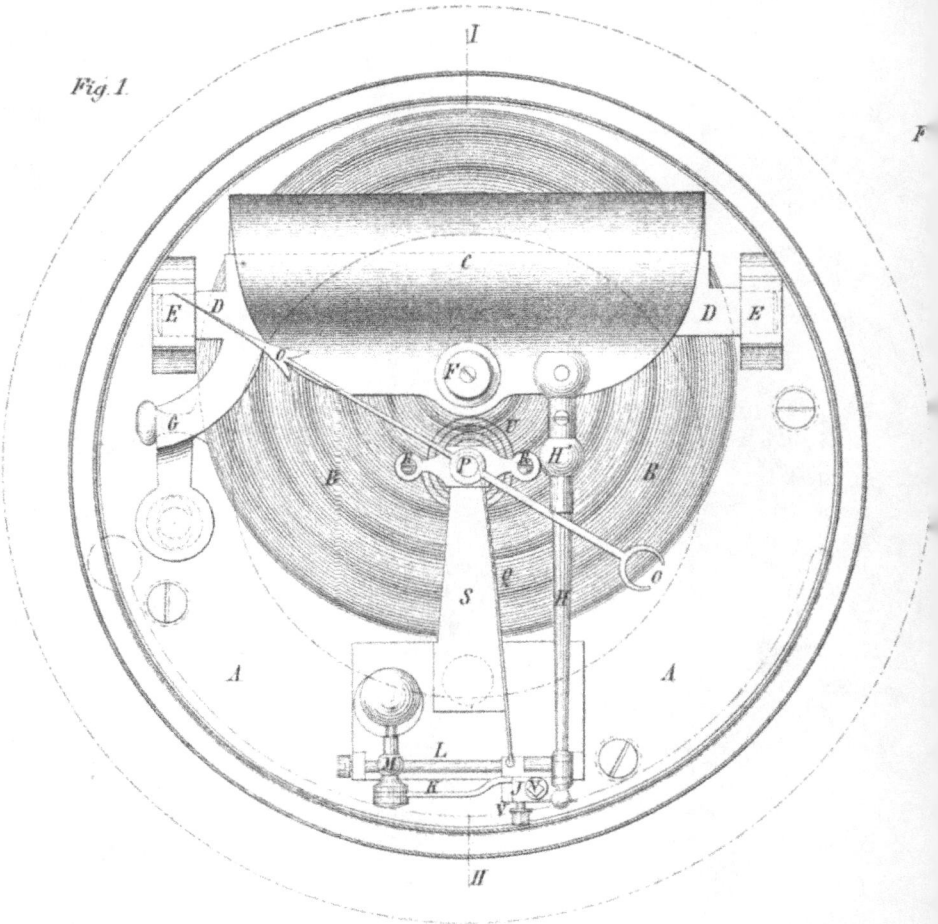

Fig.1.

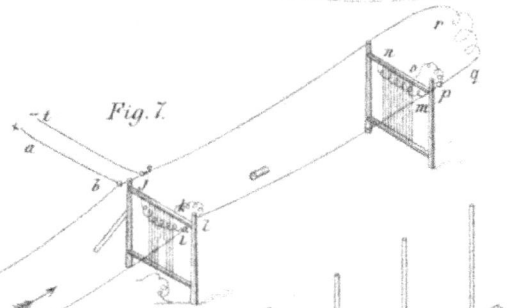

Fig.7.

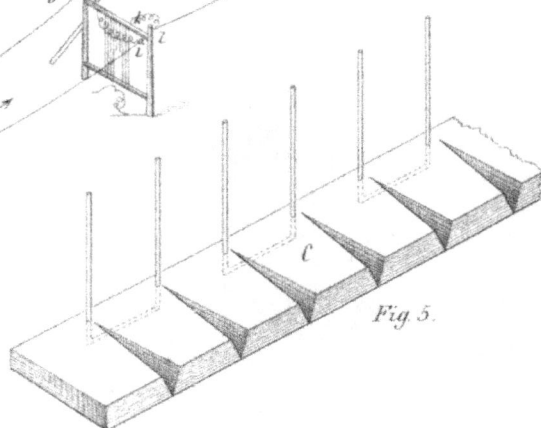

Fig.5.

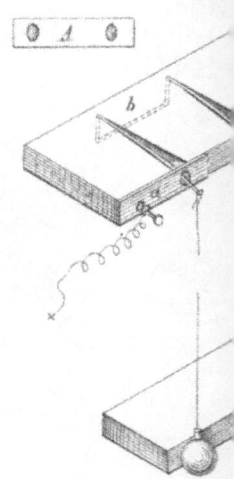

Fig.6

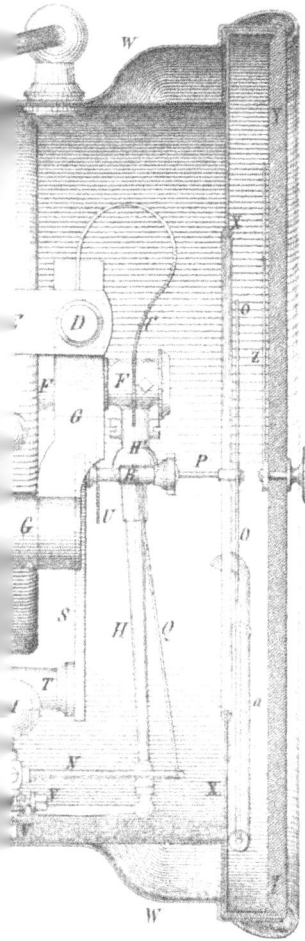

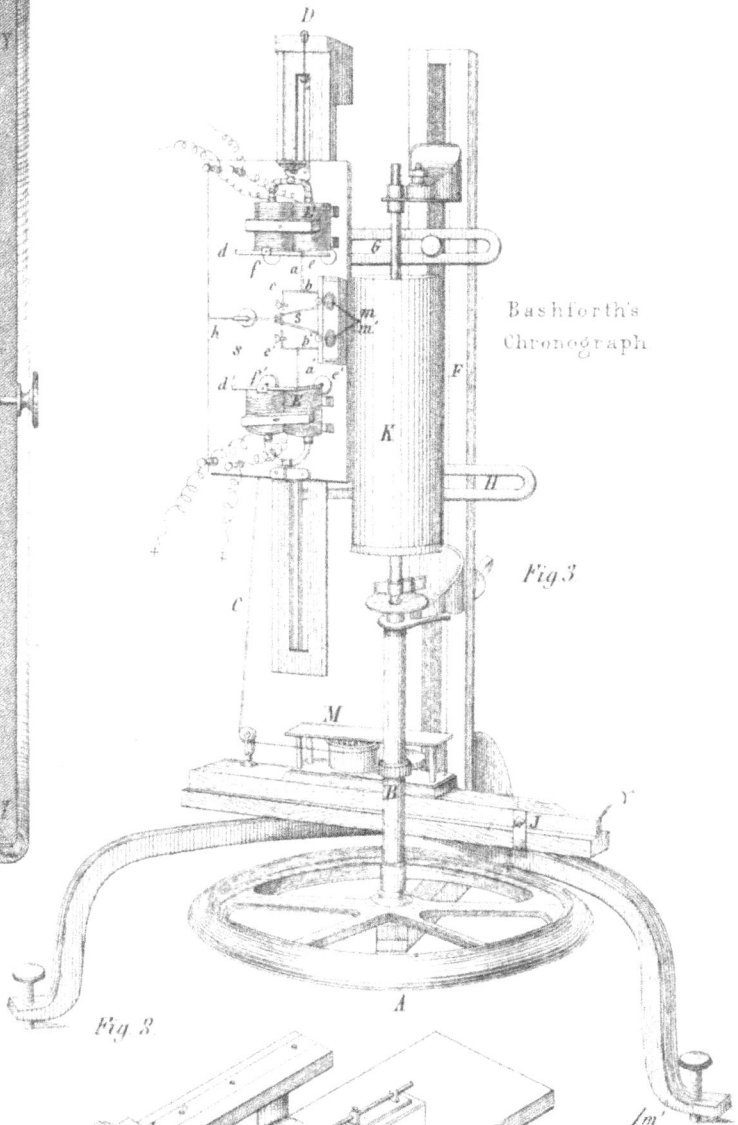

Bashforth's
Chronograph

Fig. 5.

Fig. 3.

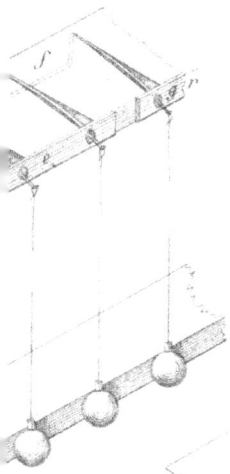

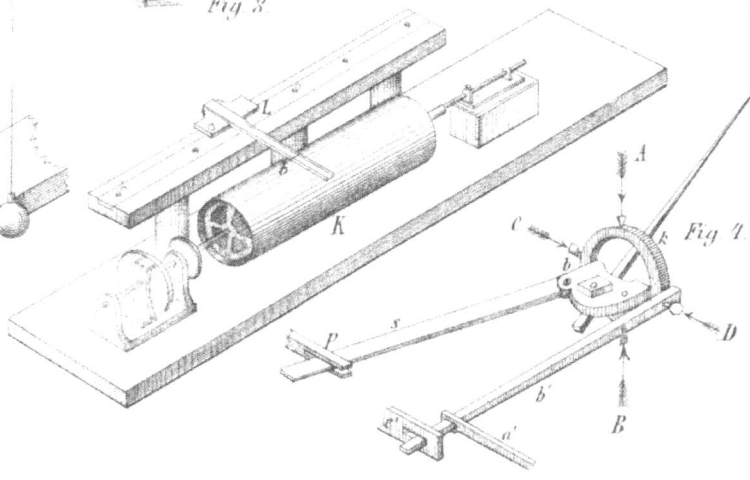

Fig. 4.

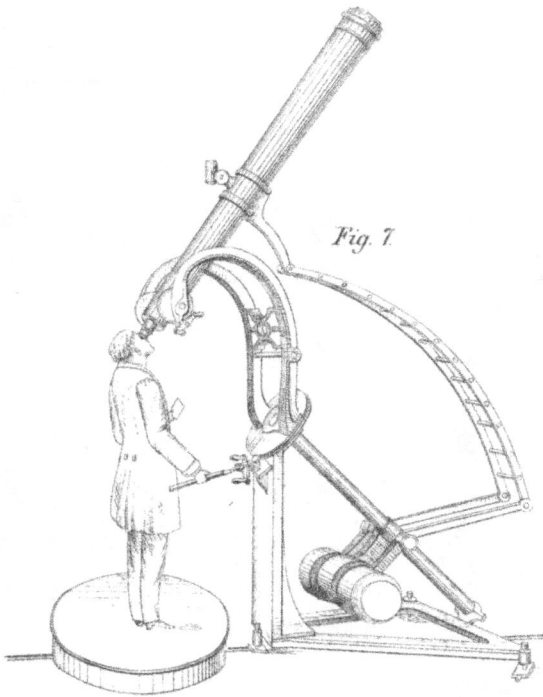

Fig. 7.

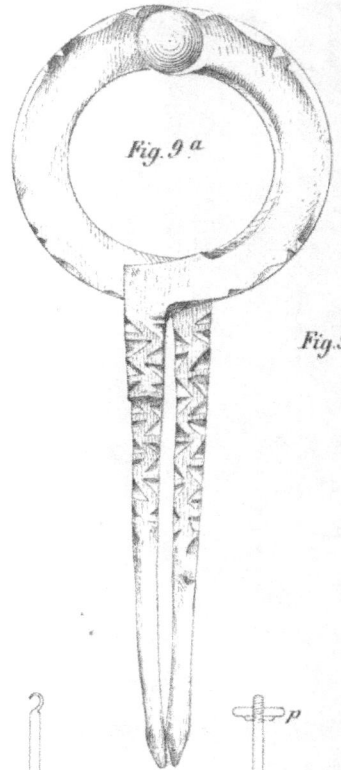

Fig. 9 a

Fig. 9 b

Fig. 2.

Fig. 3.

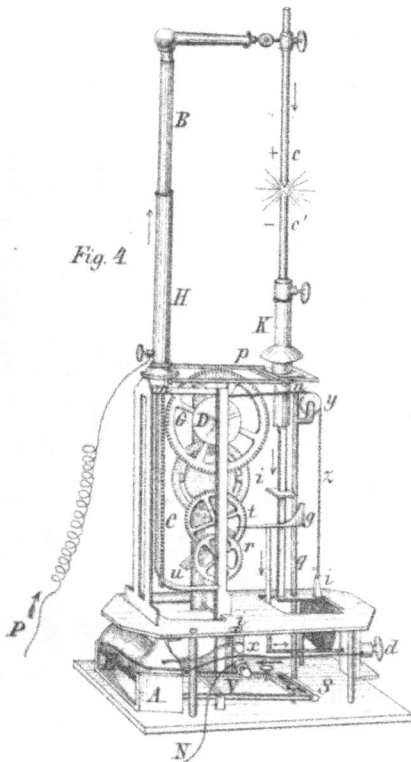

Fig. 4.

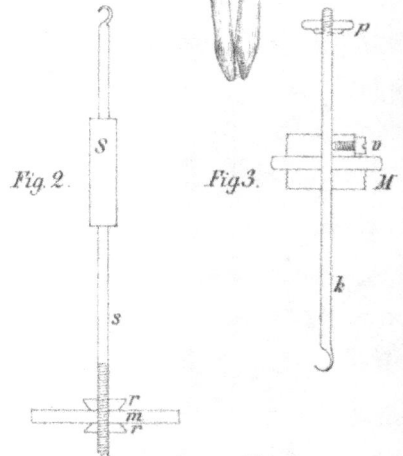

Fig. 8.

Serrin's Kohlenlicht-Regulator.

Mach's Apparat zur Darstellung
der Schwingungscurven.

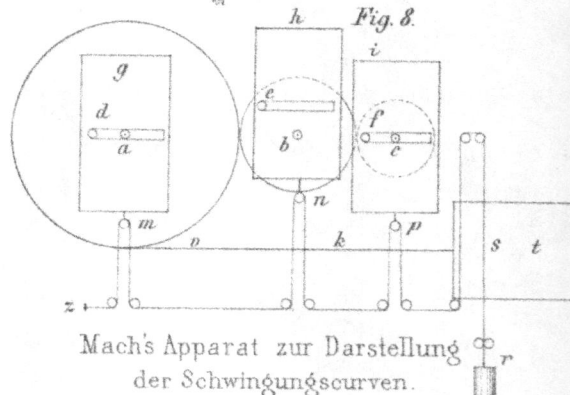

Fig. 9 d

Fig. 9 c

Fig. 5.

Fig. 6.

Fig. 1.

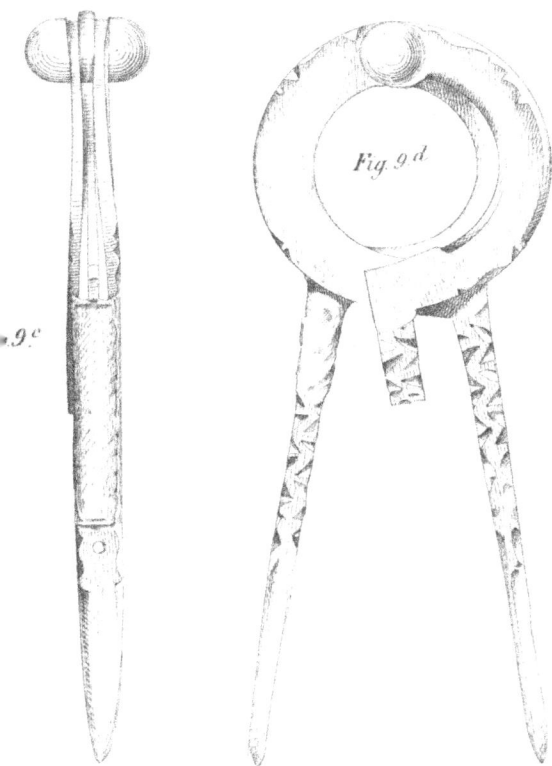

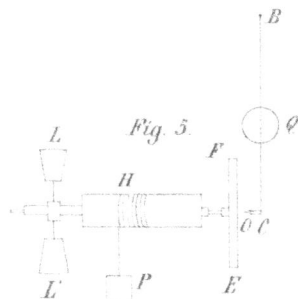

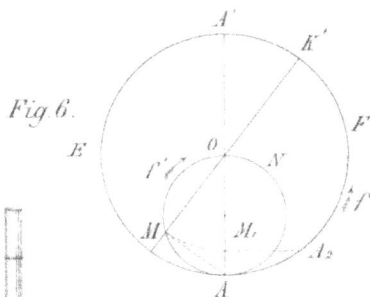

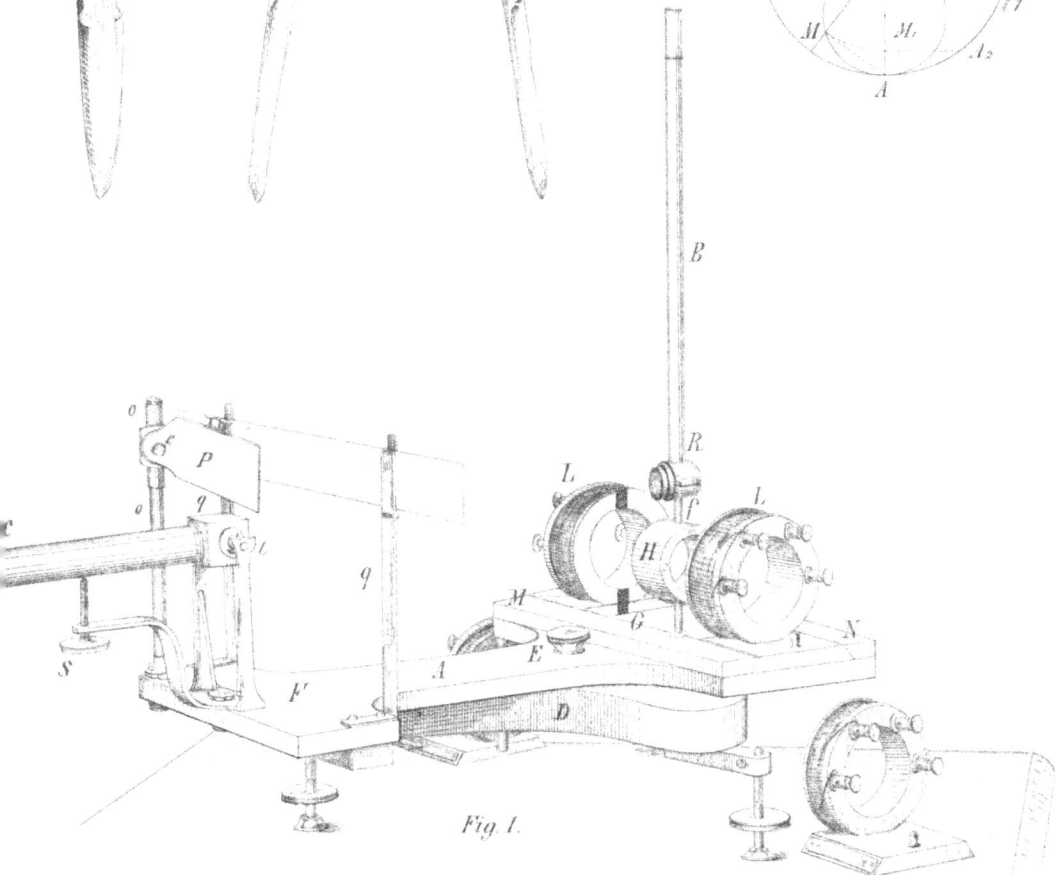

Carl's Spiegelgalvanometer.

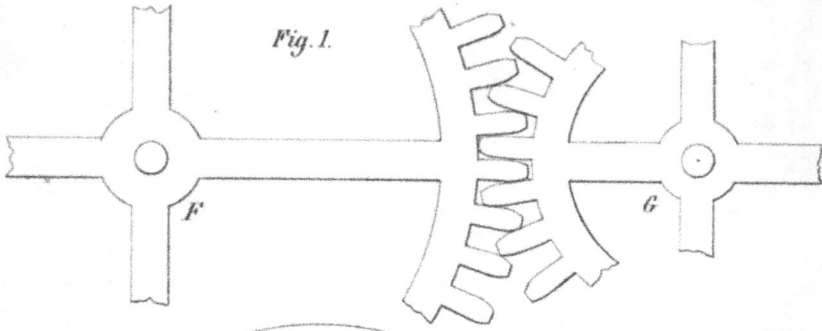

Fig. 1.

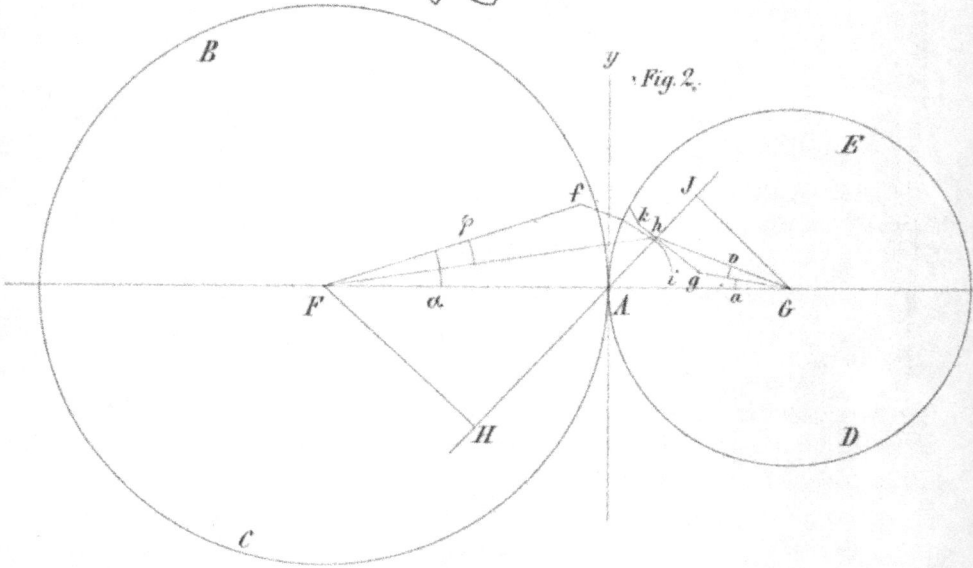

Fig. 2.

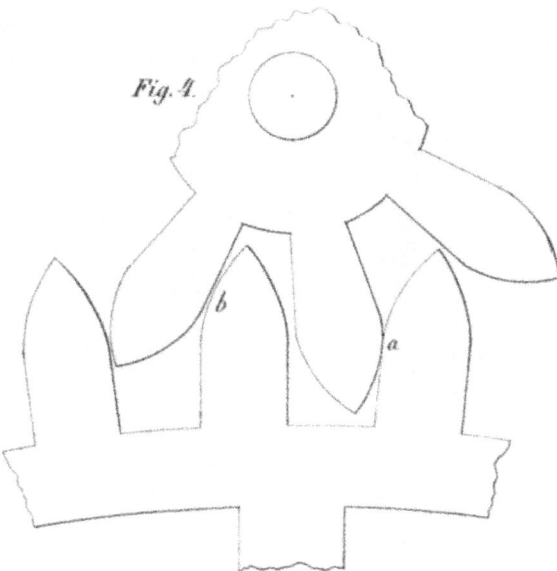

Fig. 4.

Fig. 5.

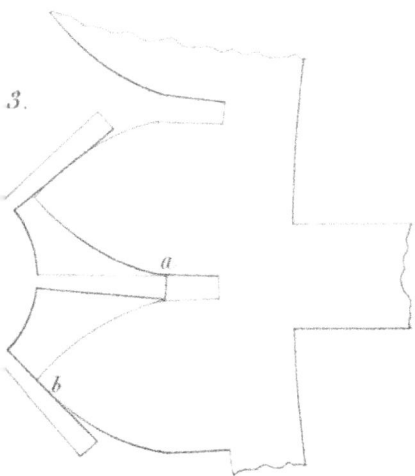

3.

Fig. 1.

Fig. 8.

Fig. 9.

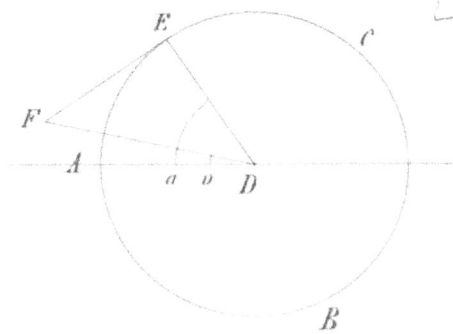

Fig. 6.

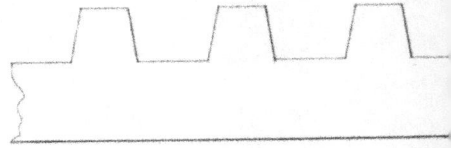

Fig.11.

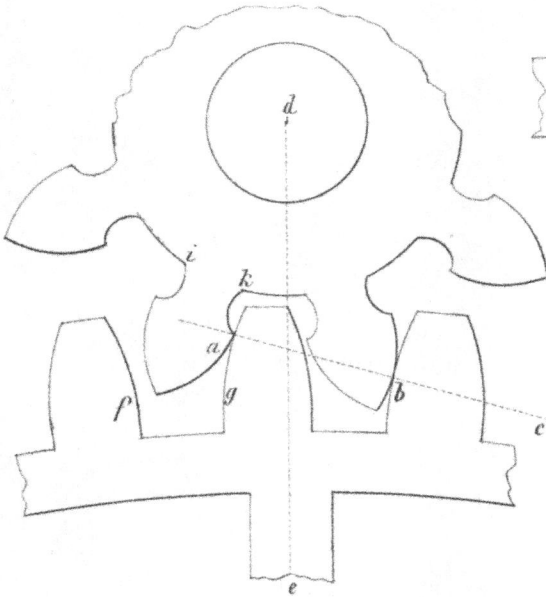

Fig.10.

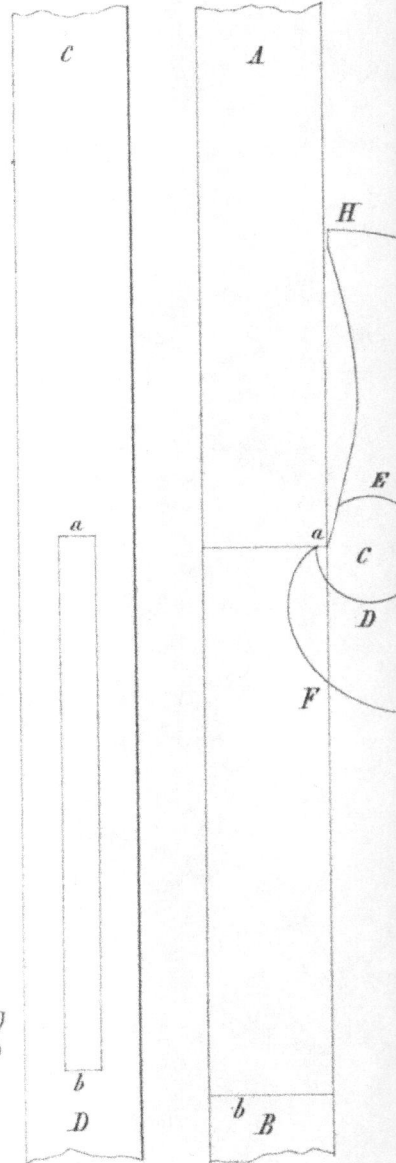

Fig.12.

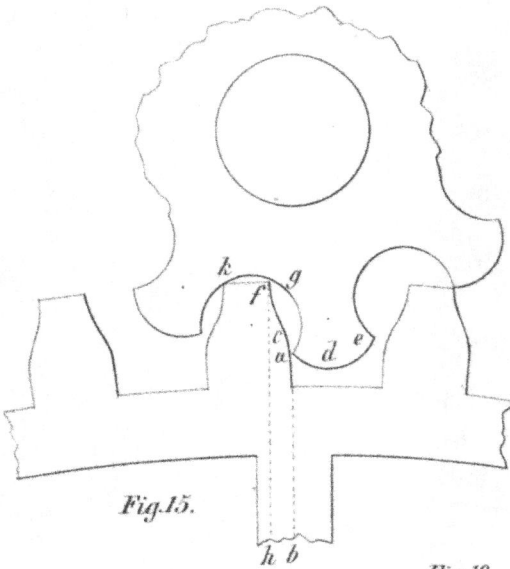

Fig.15.

Fig.18.

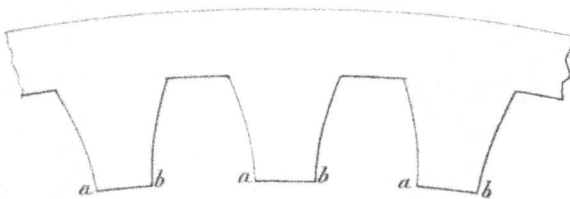

Fig.14.

Fig.17.

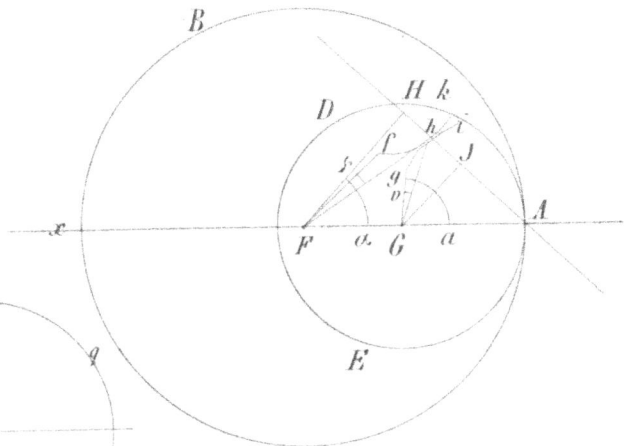

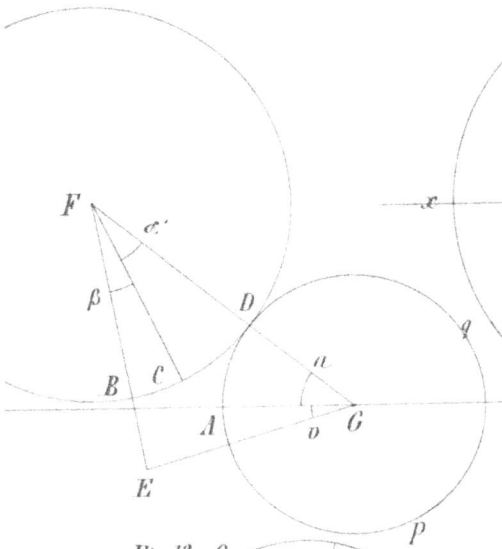

Fig.13.

Fig.19.

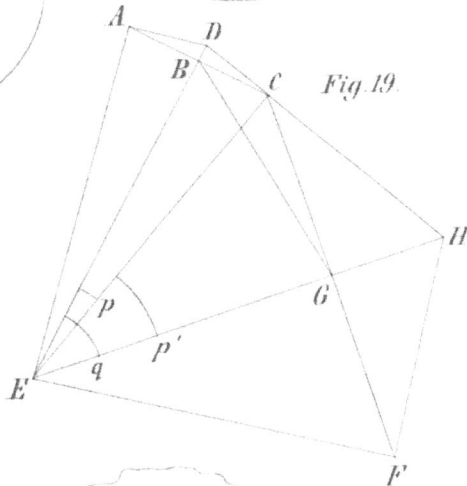

Fig.16.

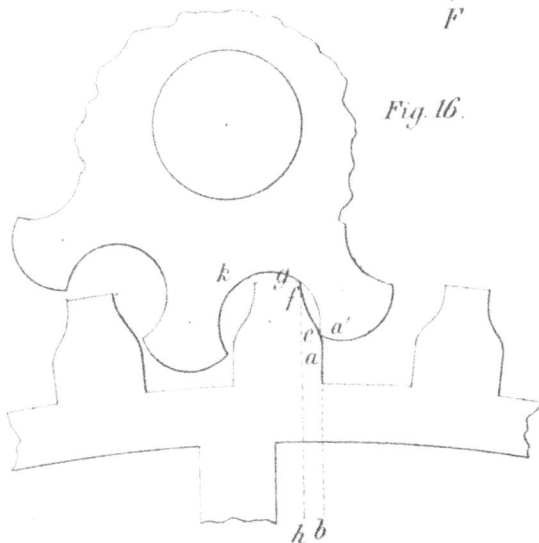

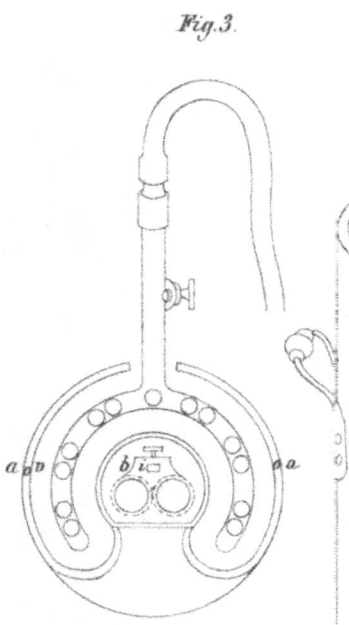

Fig.3.

Fig.1.

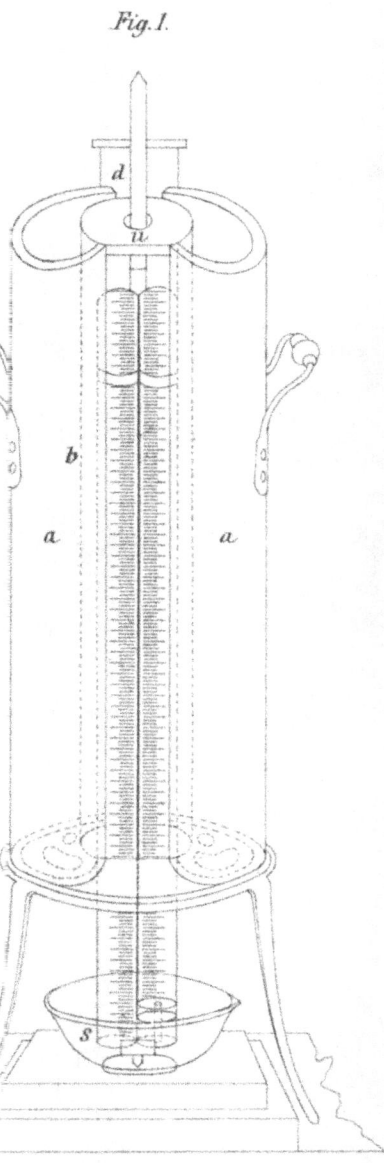

Fig.4.

Fig.2.

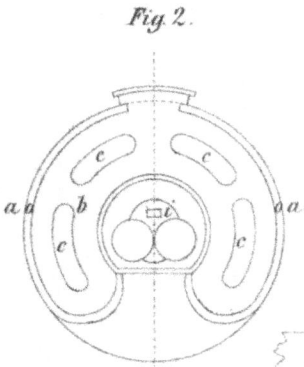

Fig.10.

Fig.9.

Fig.7.

Fig.12.

Fig.8.

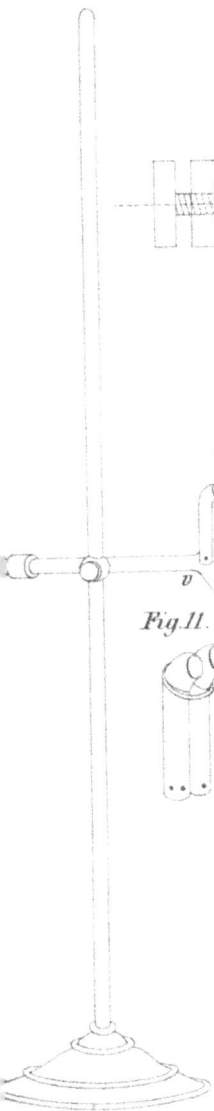

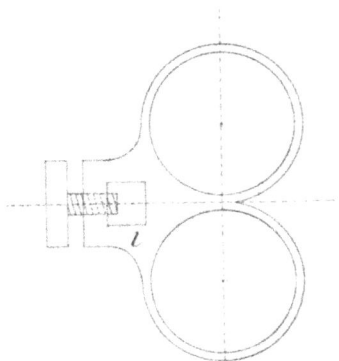

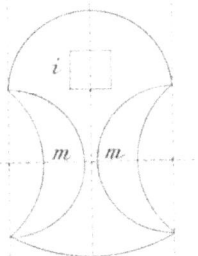

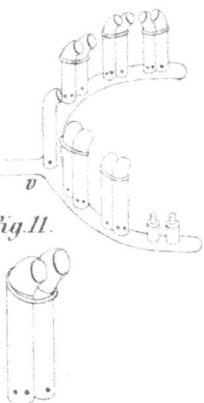

Fig.11.

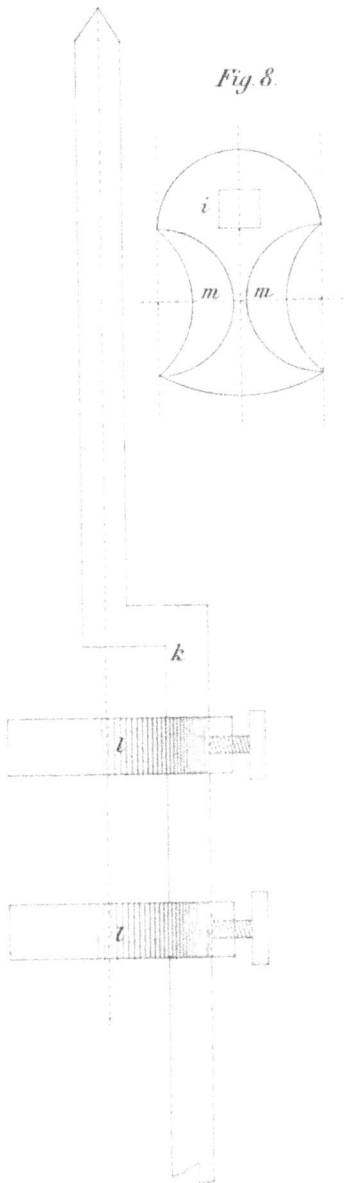

Wilde's Magnetelectrische Maschine.

Fig. 1.

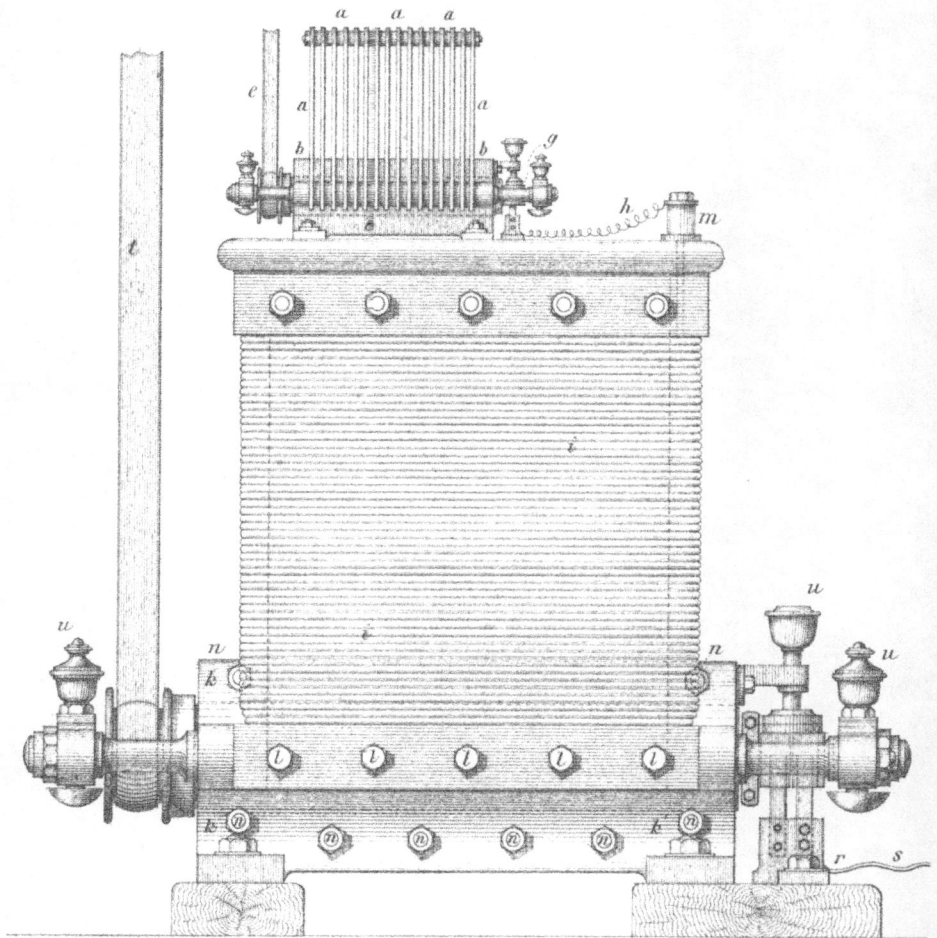

Fig. 3.

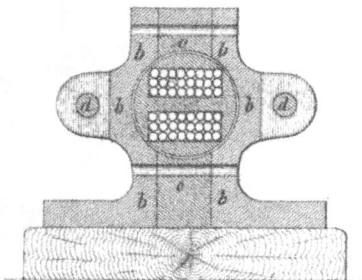

Fig. 4.

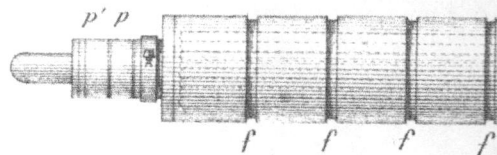

Fig 2.

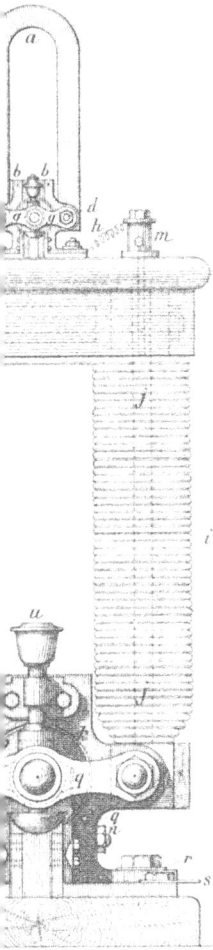

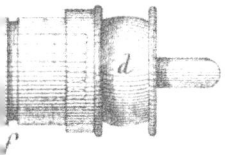

Fig.5.

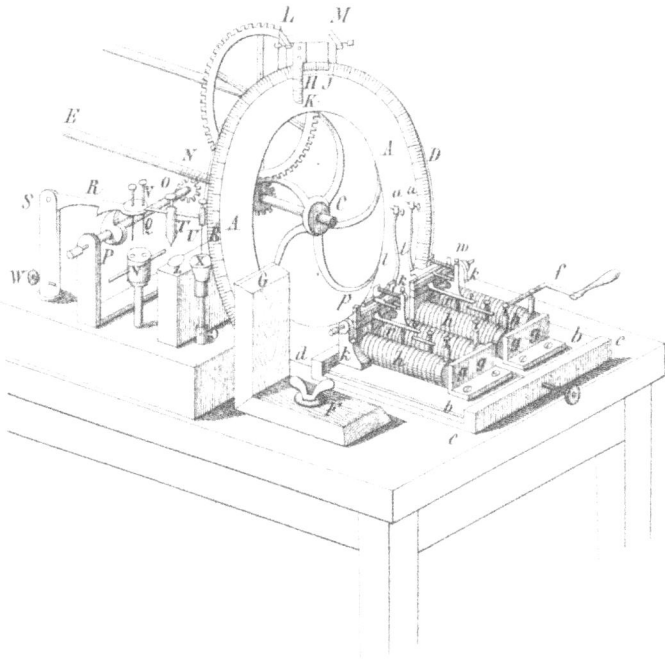

Hankel's Apparat zur Messung
sehr kleiner Zeiträume.

Fig.6.

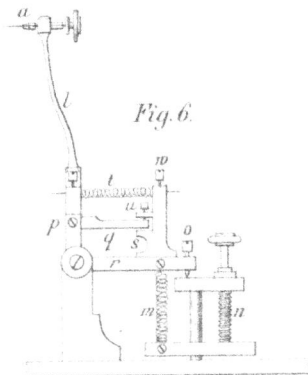

Fig.7.

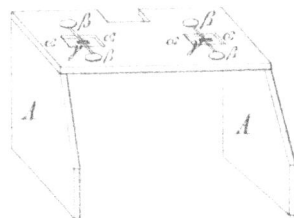

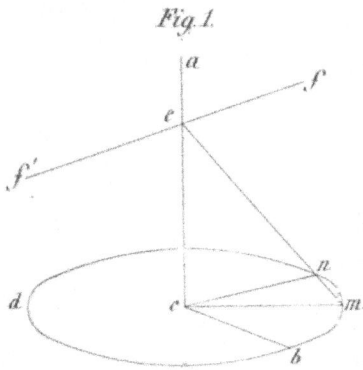

Fig. 1.

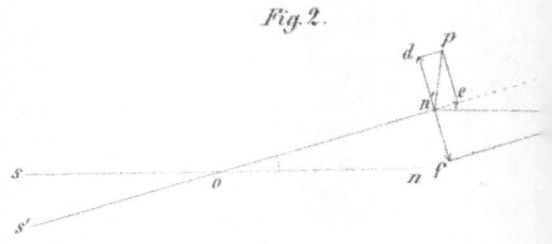

Fig. 2.

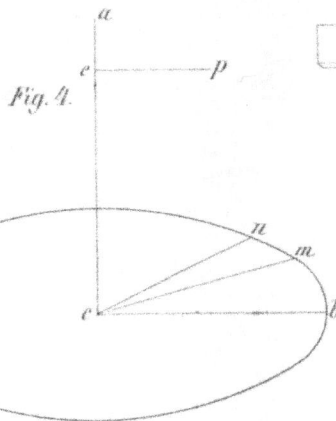

Fig. 4.

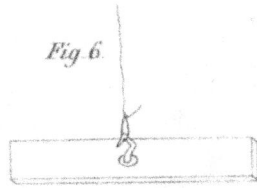

Fig. 6.

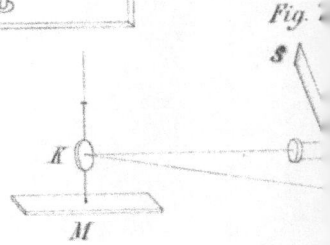

Fig. ?

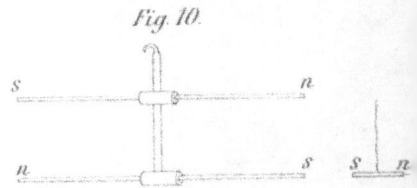

Fig. 10.

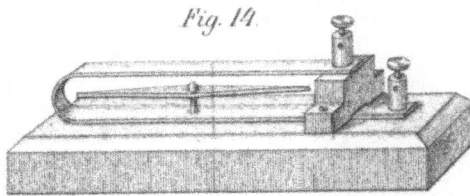

Fig. 14.

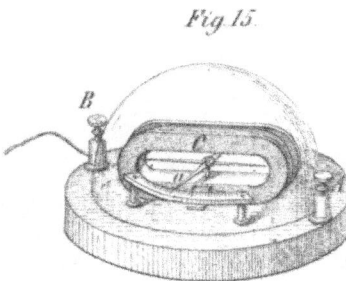

Fig. 15.

Fig. 16.

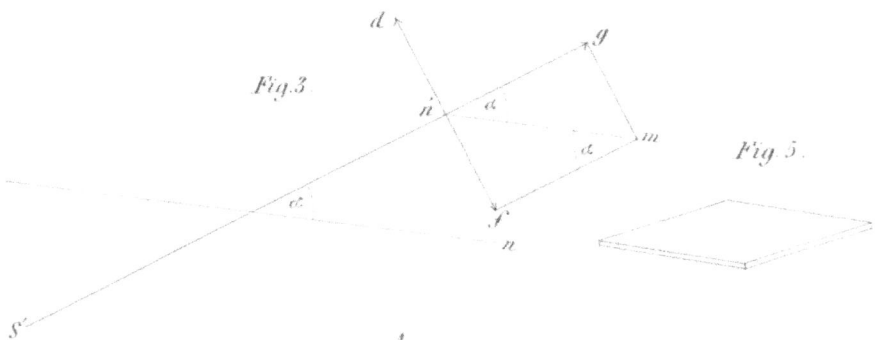

Fig. 3

Fig. 5.

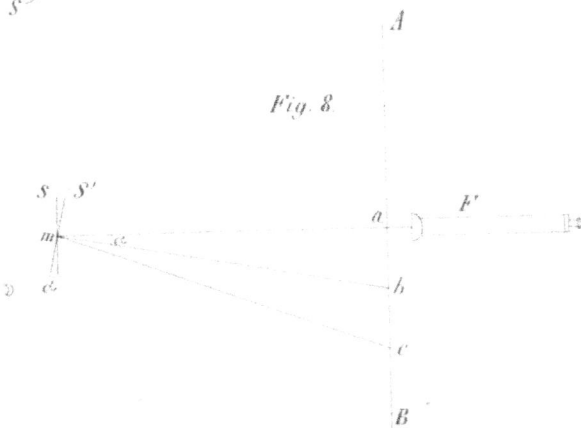

Fig. 8

Fig. 9.

Fig. 12.

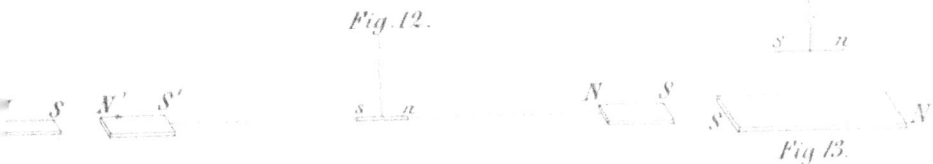

Fig. 13.

Fig. 18.

Fig. 17.

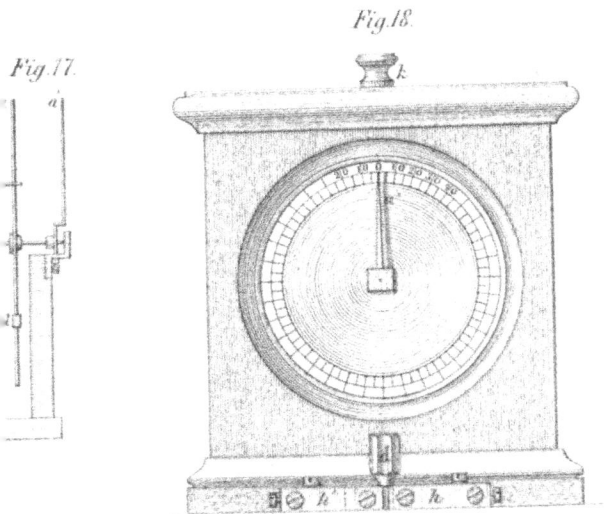

Fig. 19.

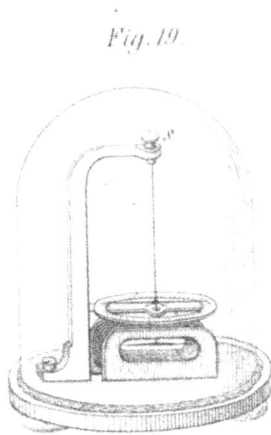

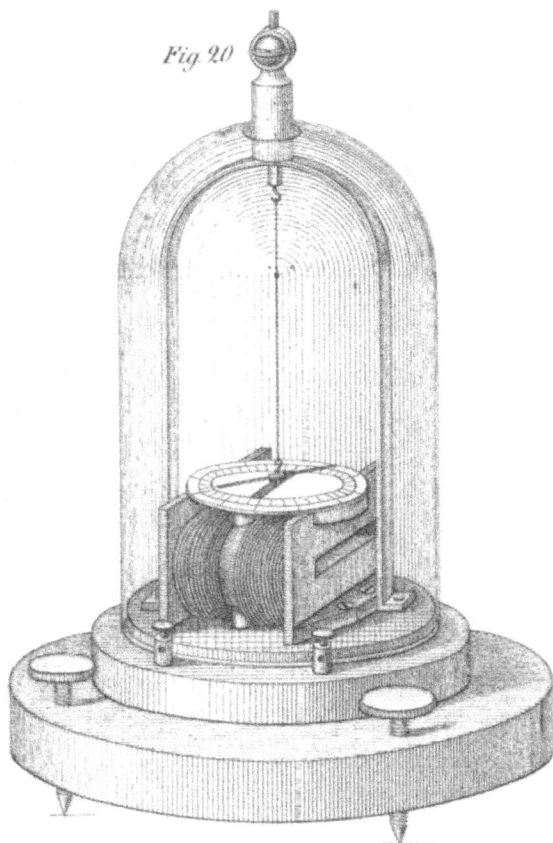

Fig. 20.

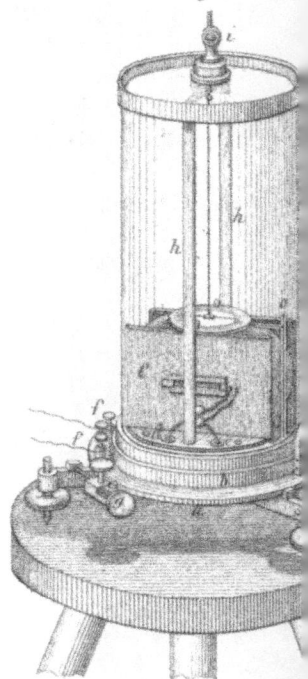

Fig. 21.

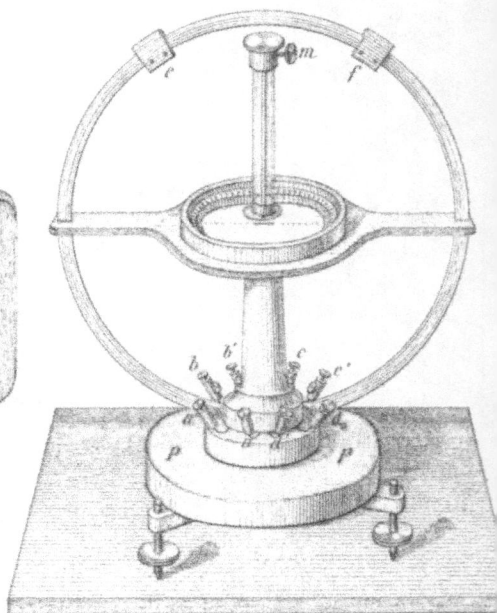

Fig. 26.

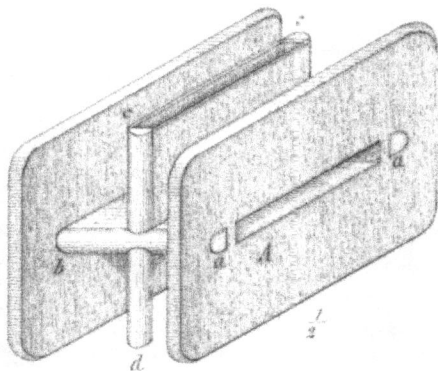

Fig. 24

Fig 22.

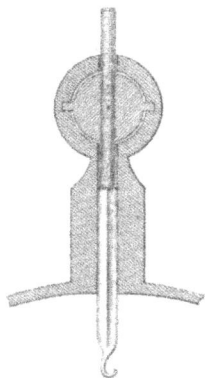

Fig. 25.

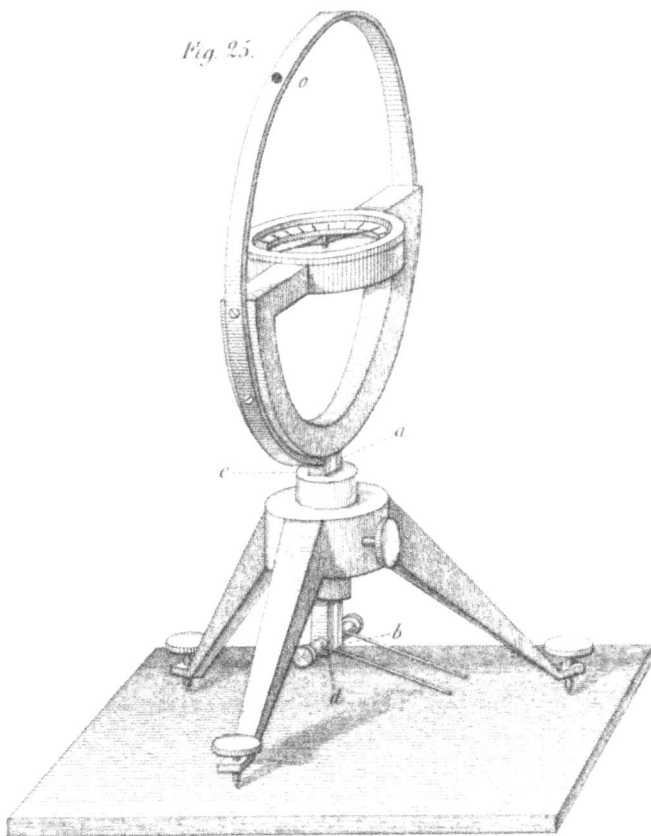

Fig 27.

Fig 28.

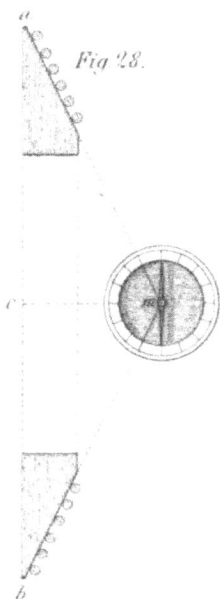

Fig 29.

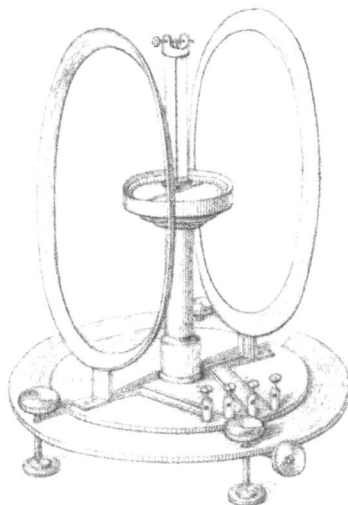

Fig.30.

Fig.31.

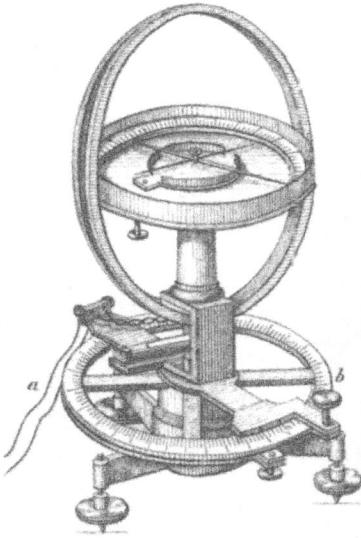

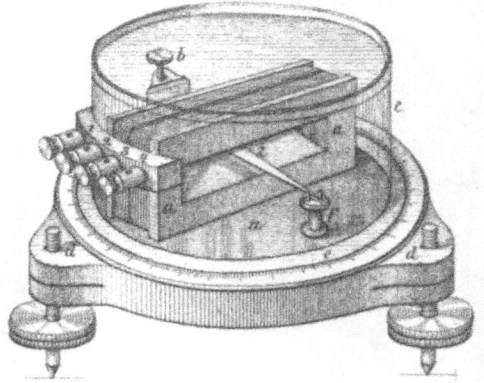

Fig.34.

Fig.35.

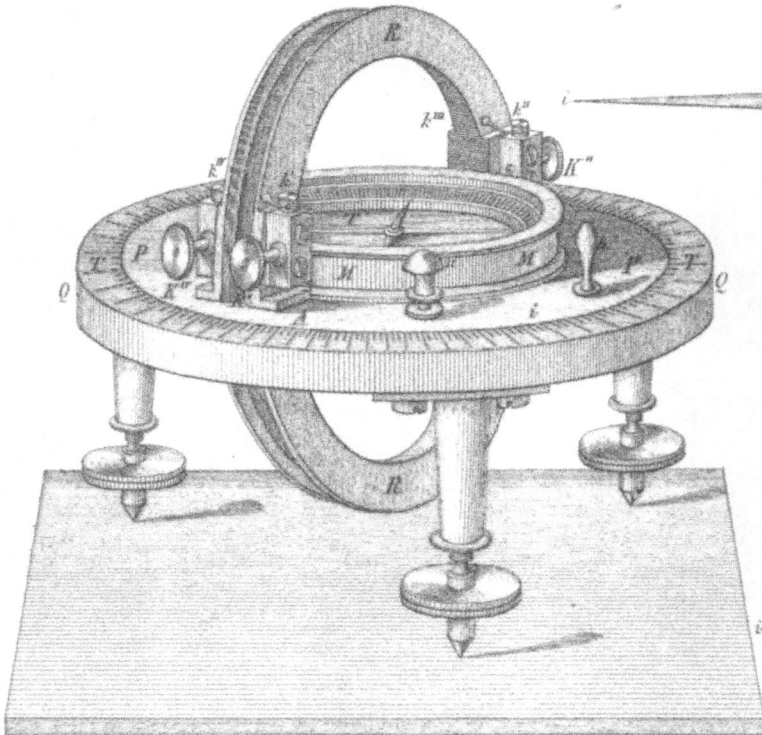

Fig. 32.

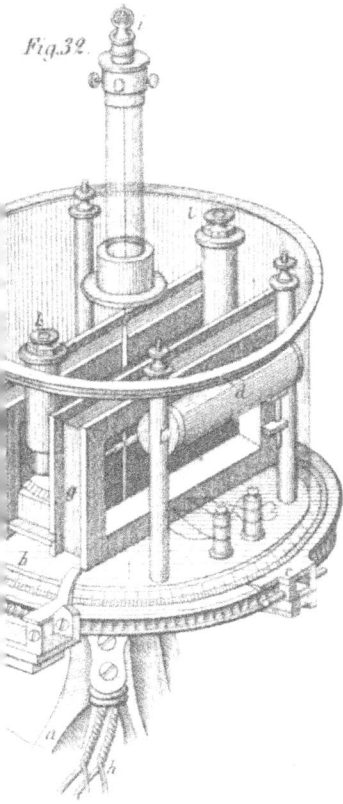

Fig. 33.

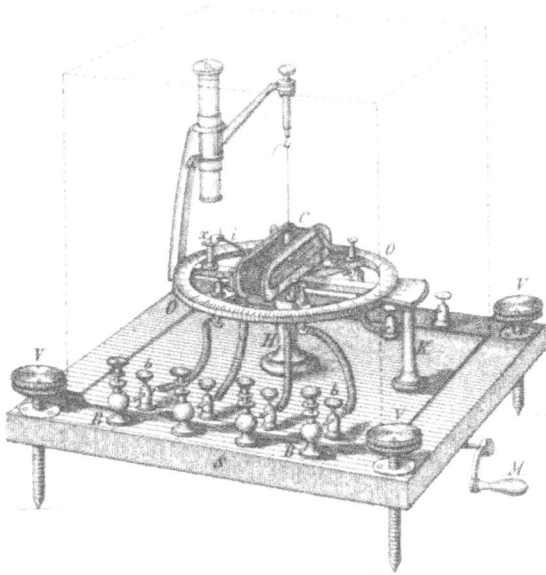

Fig. 37.

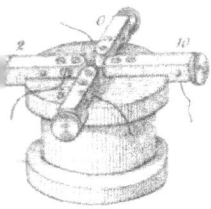

Fig 38.

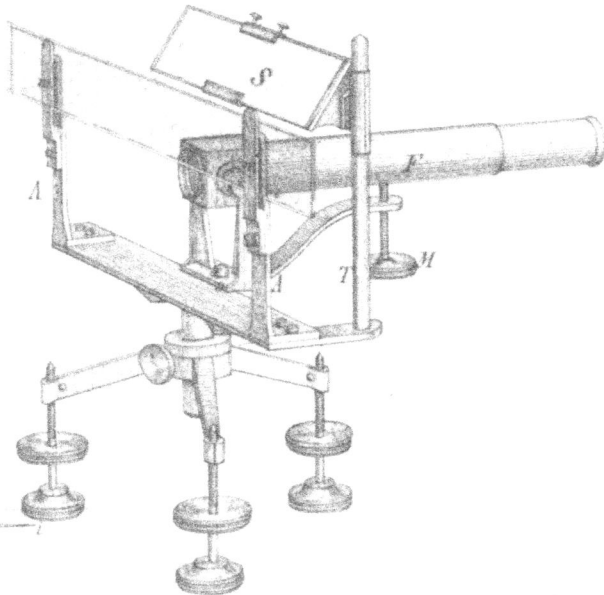

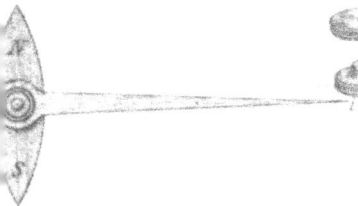

Fig. 1.

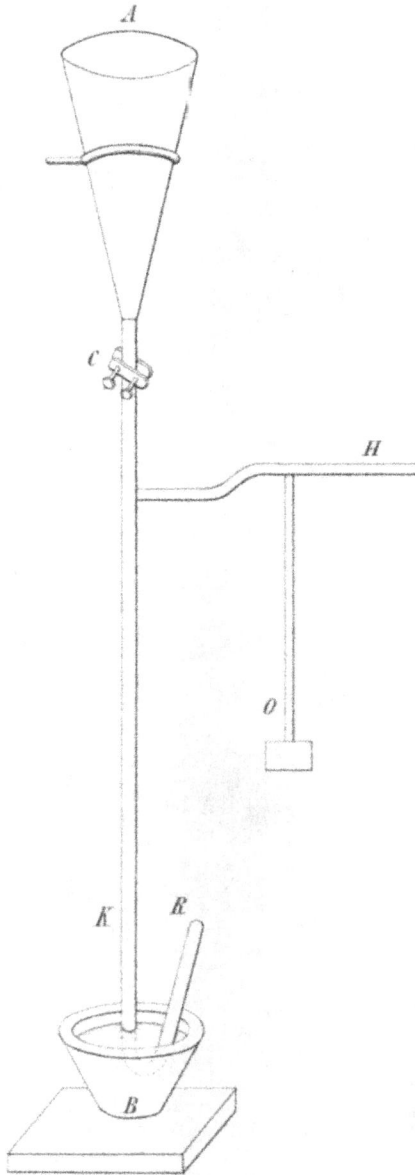

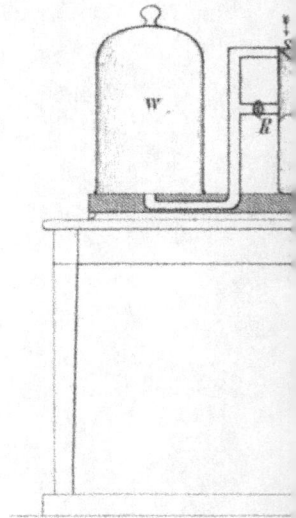

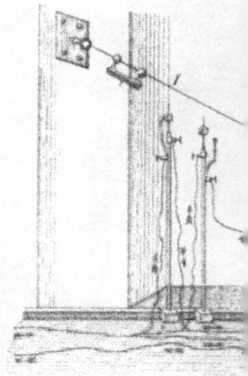

Cand

Candido's Batterie

Fig 3.

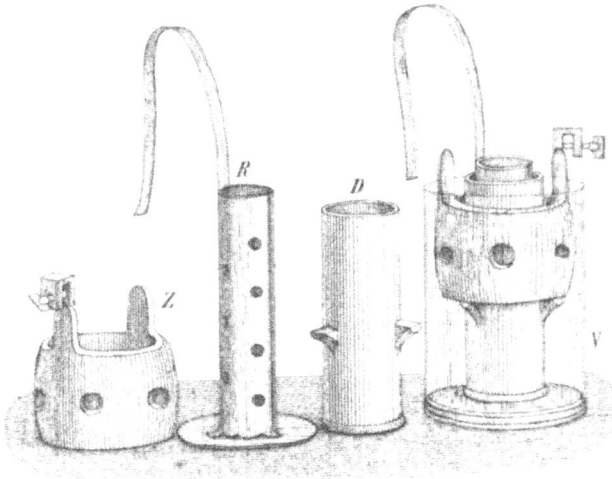

Fig. 5.

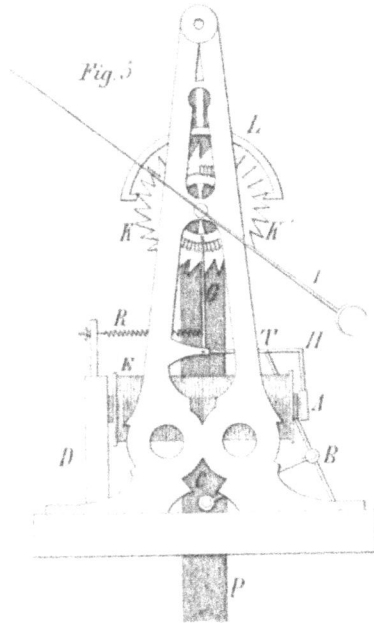

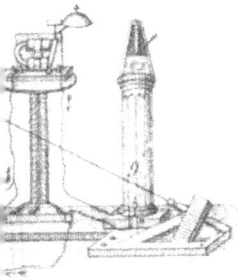

Candido's electromagnetisches Pendel

Lang. Verbesserter Axenwinkel Apparat.

Fig. 1

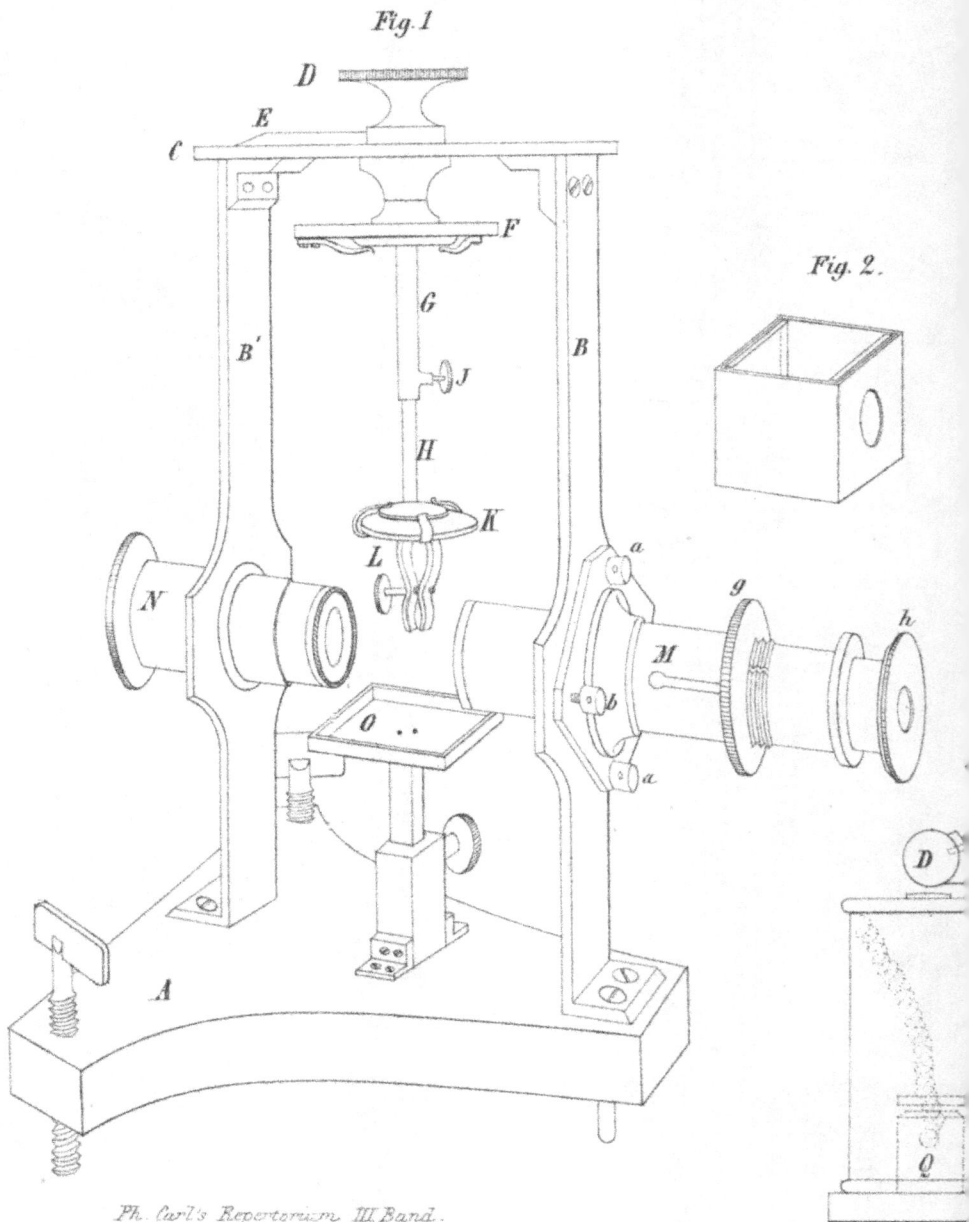

Fig. 2

Tiede's Electromagnetisches Echappement.

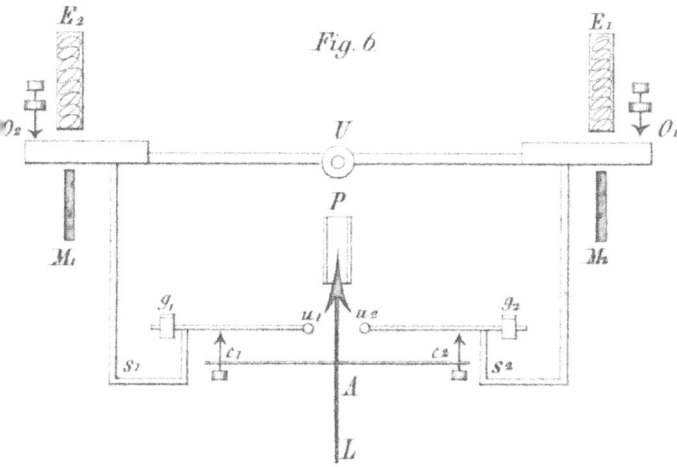

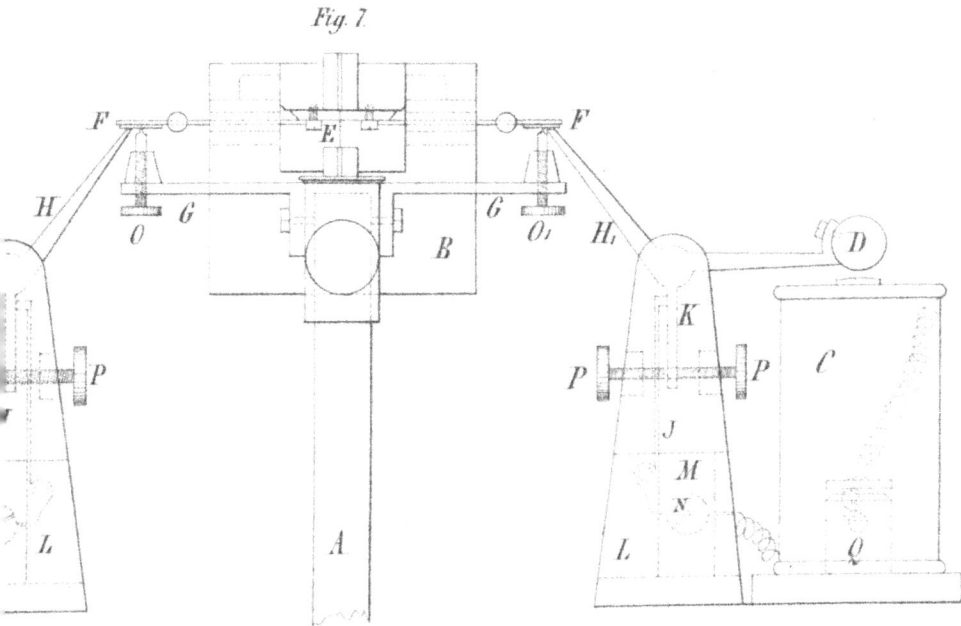

Fig. 6

Fig. 7

Knoblich's Echappement

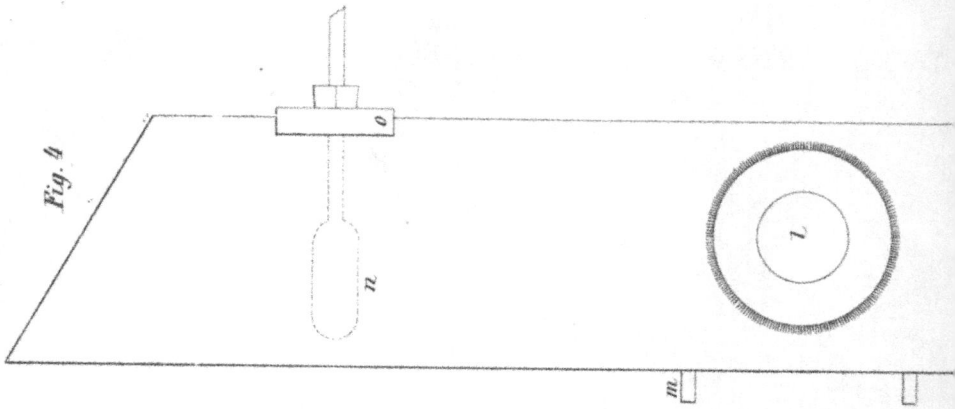

Fig. 4

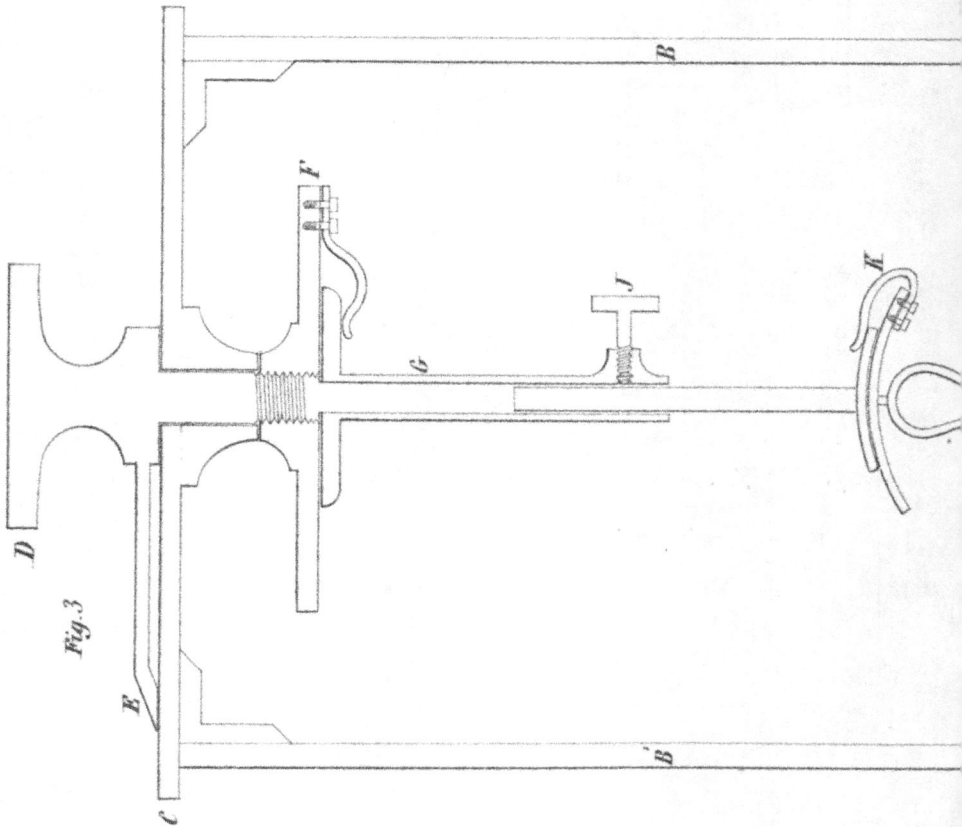

Fig. 3

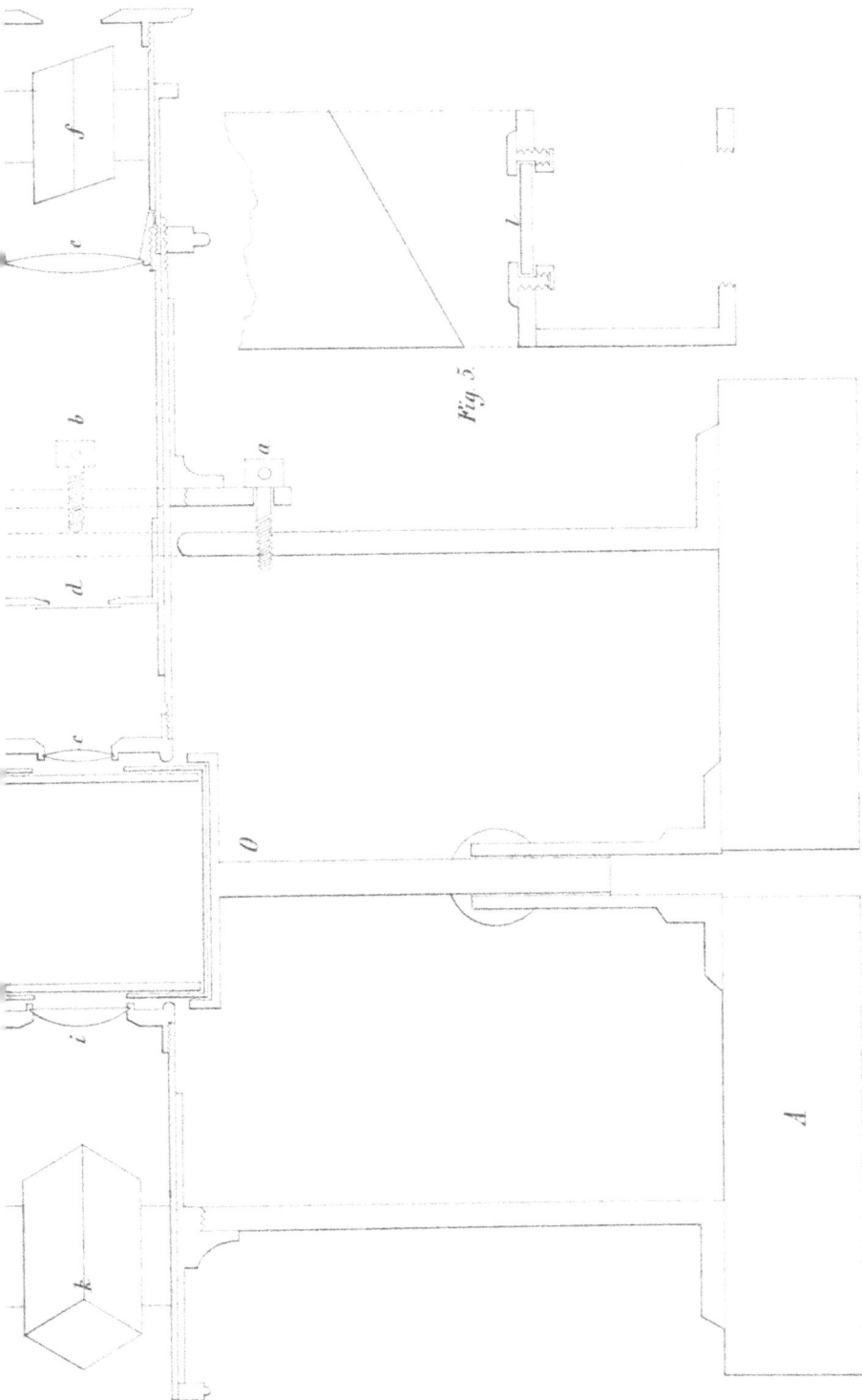

Fig 5.

f

e

b

d

a

l

c

O

i

A

k

Fig. 1.

Fig. 3.

Fig. 2.

Fig. 5.

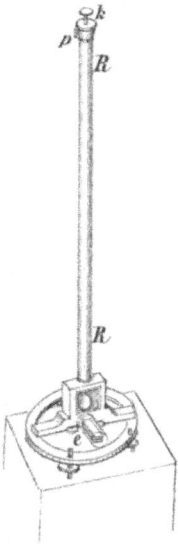

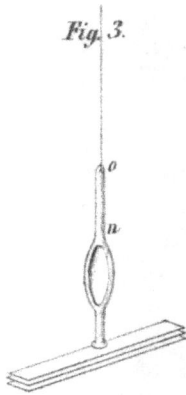

Fig. 1ᵃ

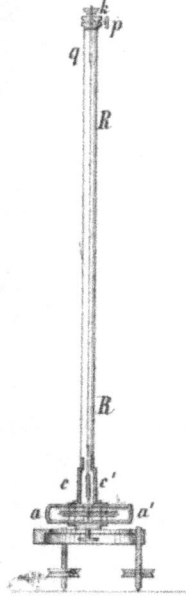

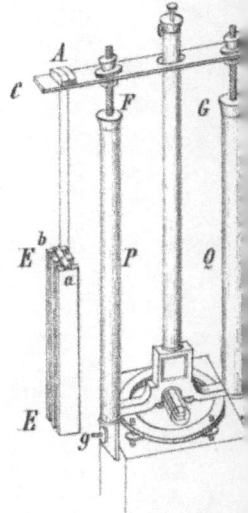

Fig. 4.

Fig. 8.

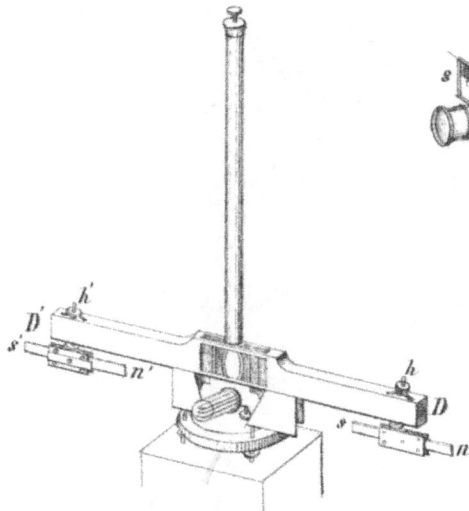

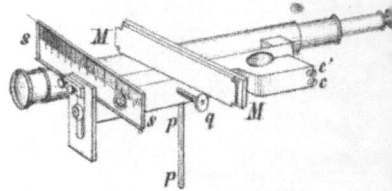

Fig. 9.

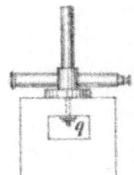

Fig. 6.

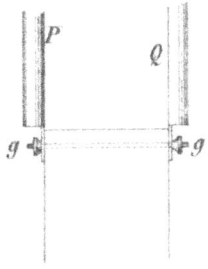

Fig. 11.

Fig. 10

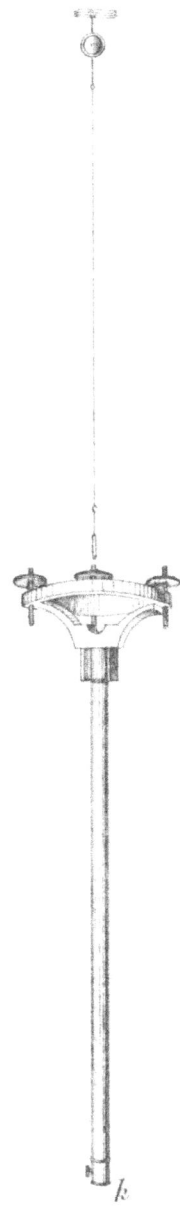

Fig. 7.

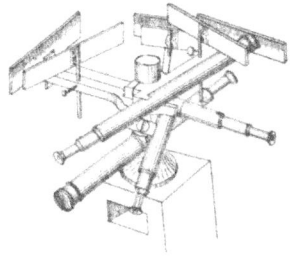

Fig. 13.

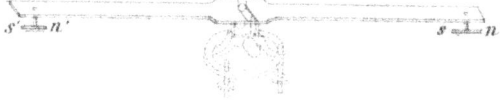

Fig. 12.

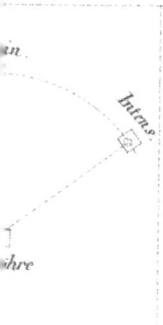

Fig. 14.

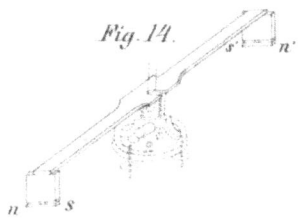

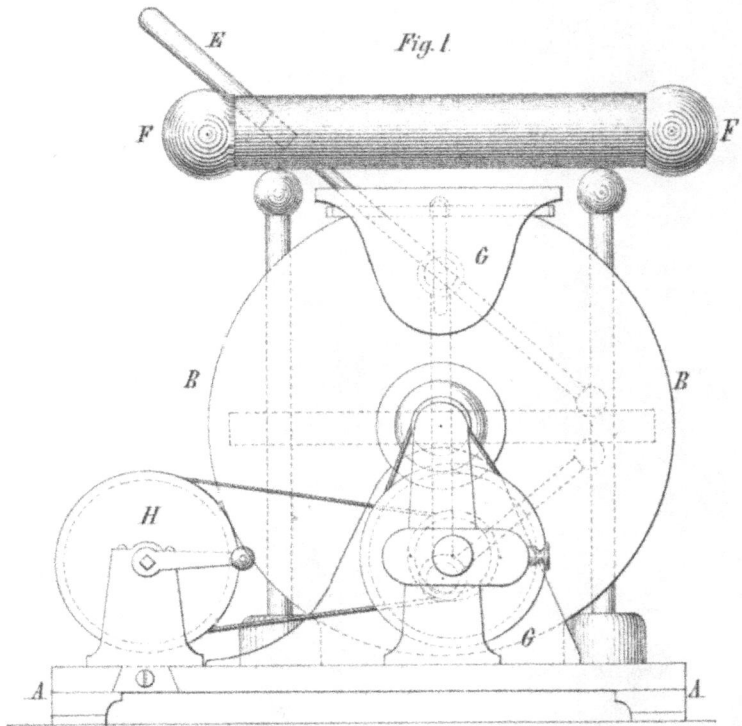

Fig. 1.

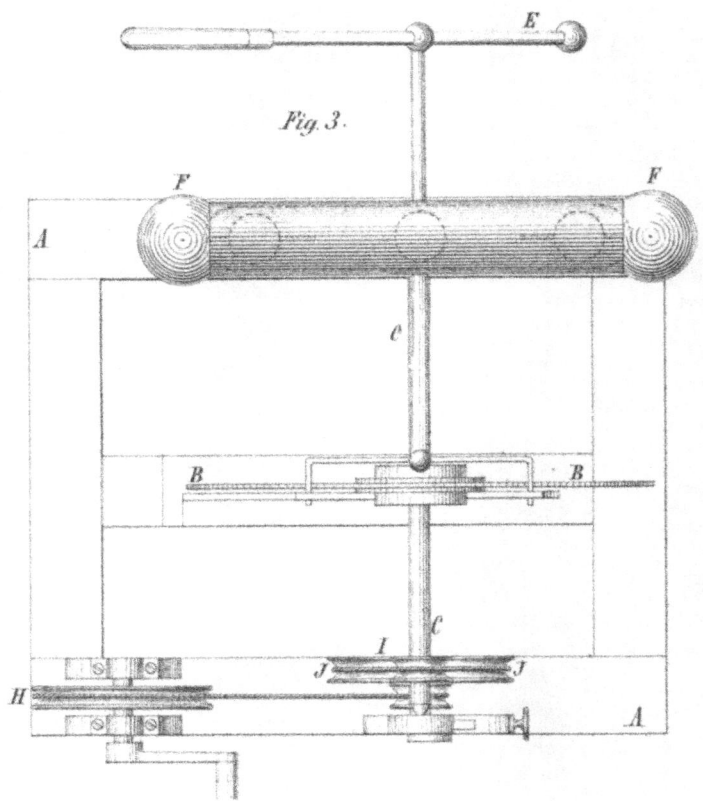

Fig. 3.

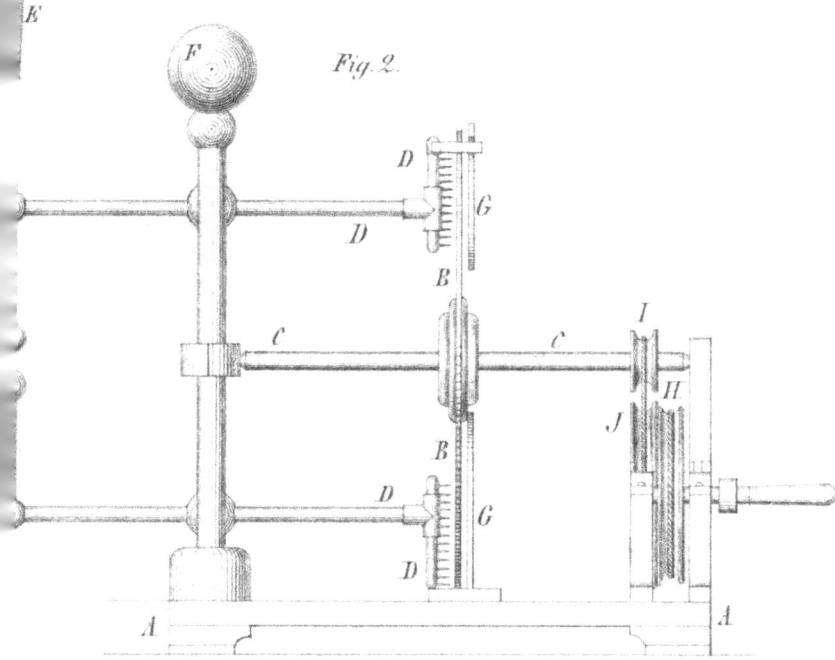

Fig. 2.

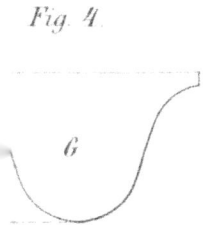

Fig. 4.

G

Fig. 5.

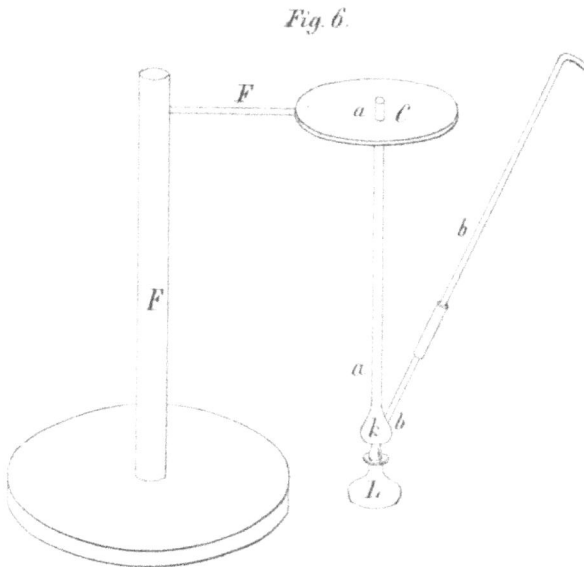

Fig. 6.

Wiedemann's Geyserapparat

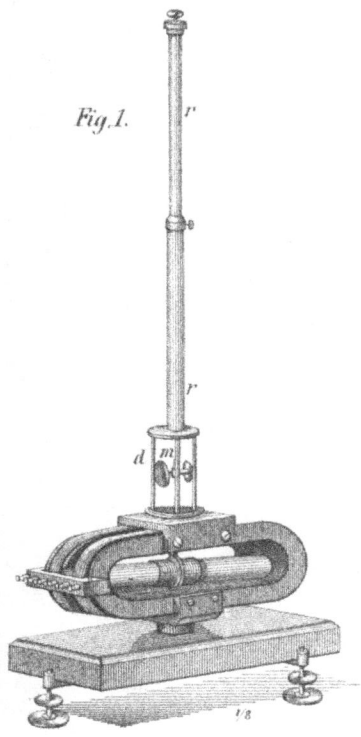

Fig.1.

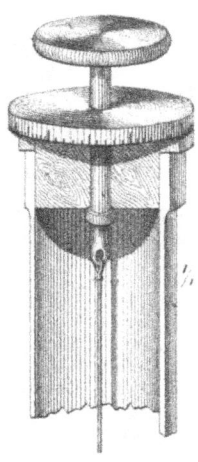

Fig. 2.

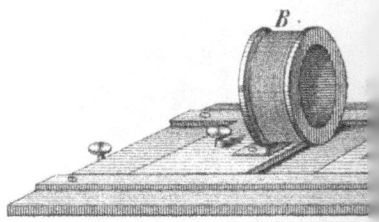

Fig. 3

Fig. 5.

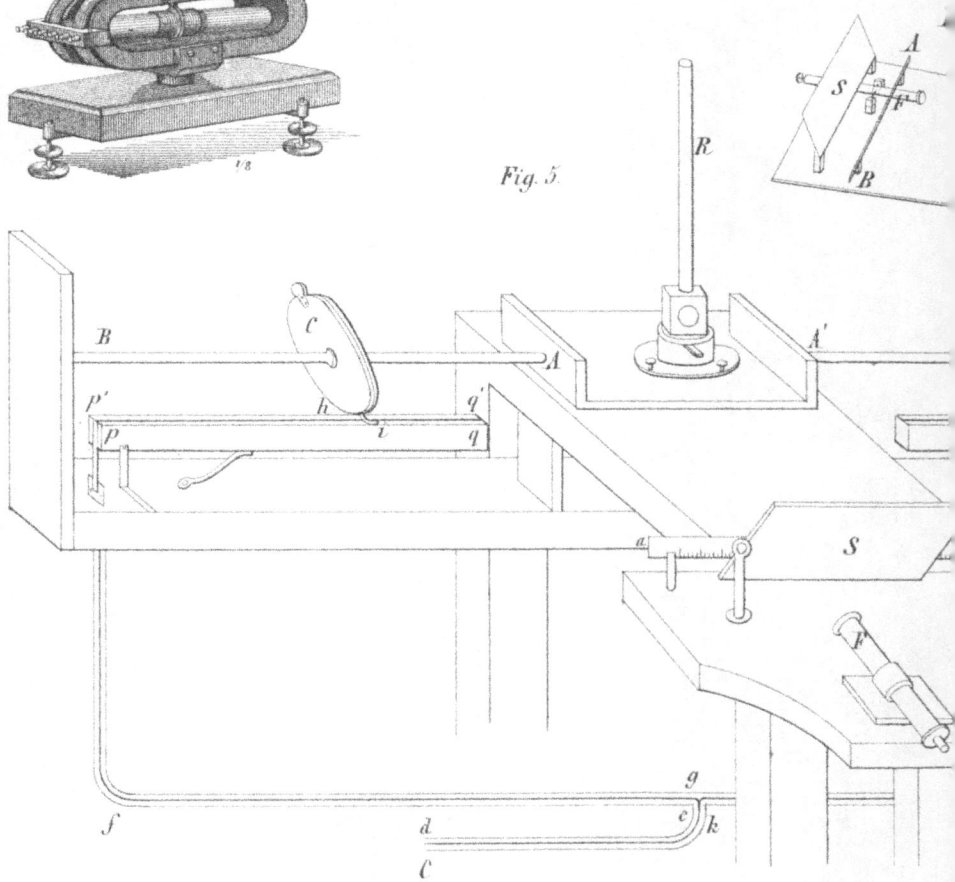

Fig.3ᵃ

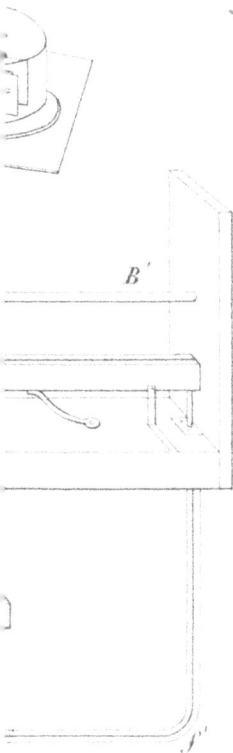

Fig. 6.

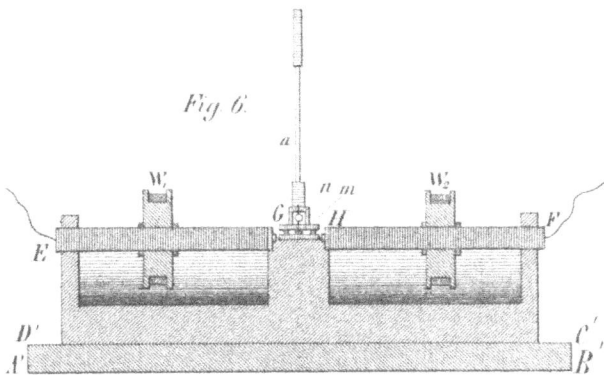

Fig. 6ᵃ

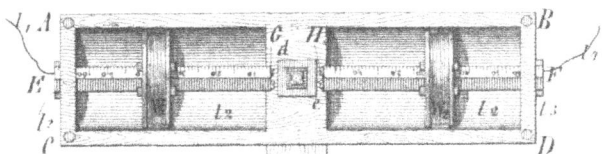

Fig. 9.

Fig. 7.

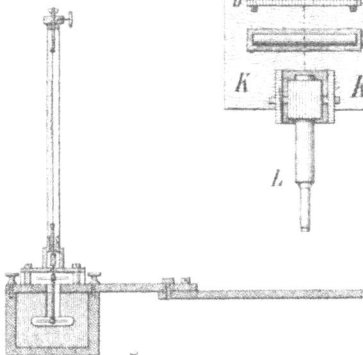

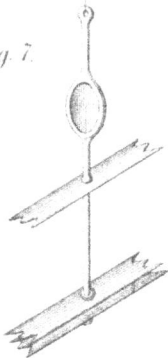

Fig. 8.

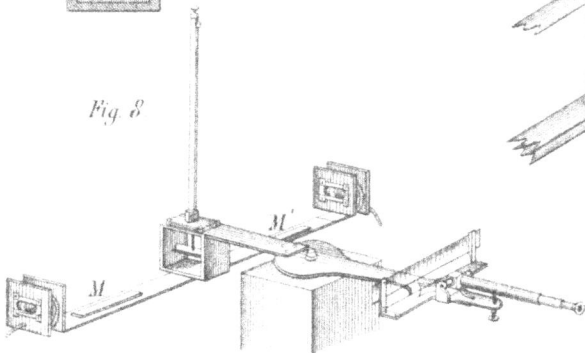

Fig. 10

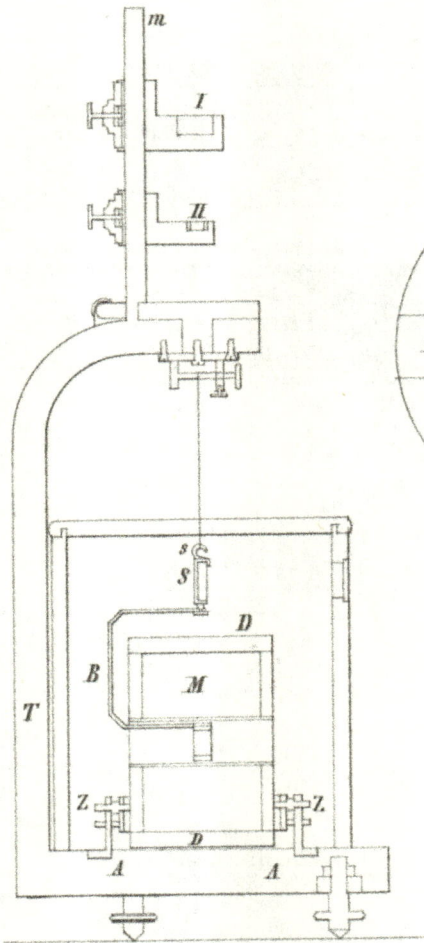

Fig. 11.

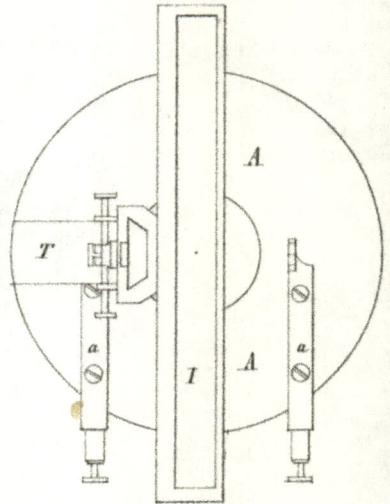

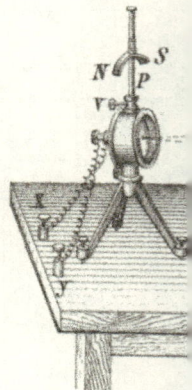

Fig. 12.

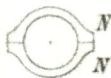

Fig. 13.

Fig. 15.

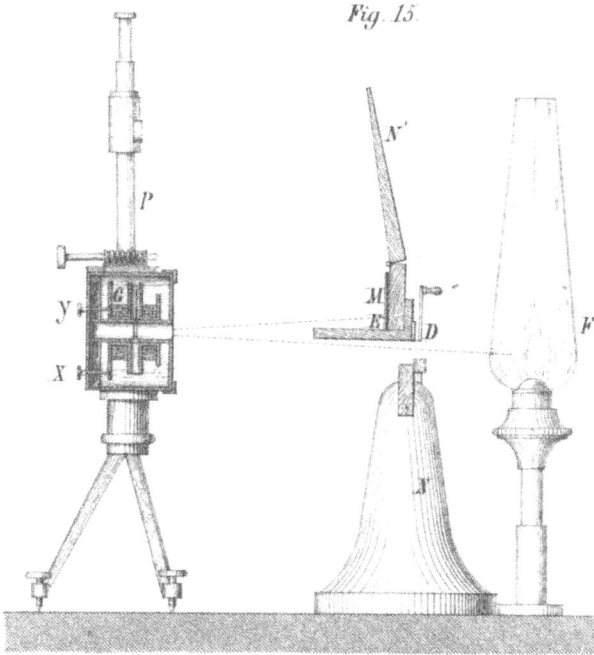

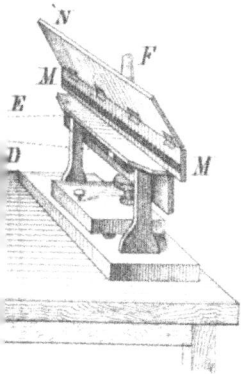

Fig. 17.

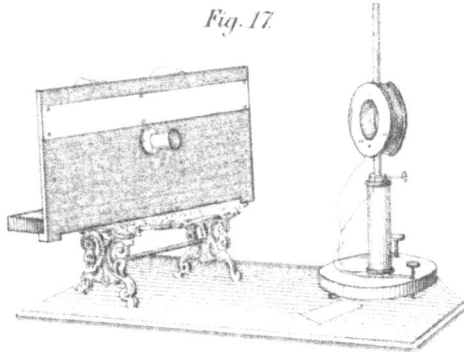

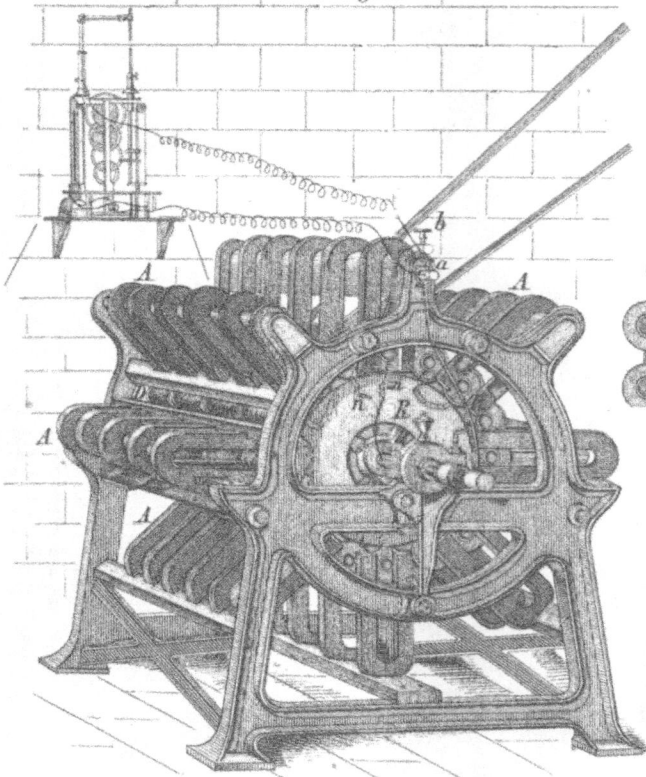

Fig.1.

Fig.2.

Fig.3.

Noflet's Magnet-Electrische Maschine.

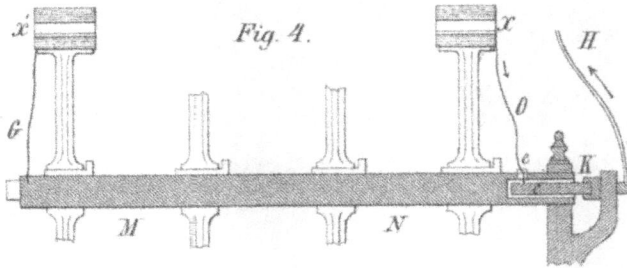

Fig. 4.

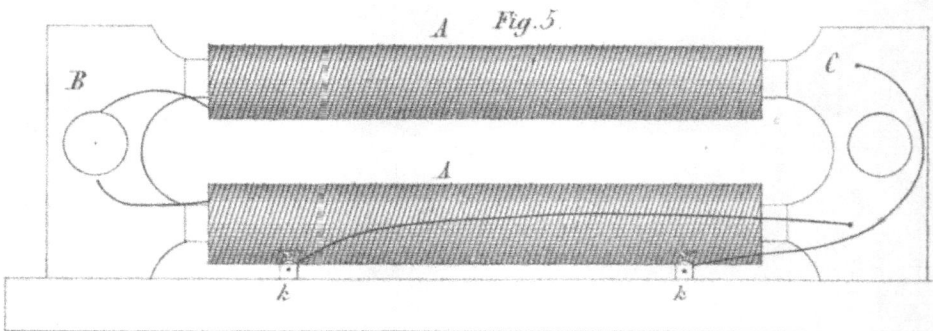

Fig.5.

Ladd's Electrodynamische Maschine.

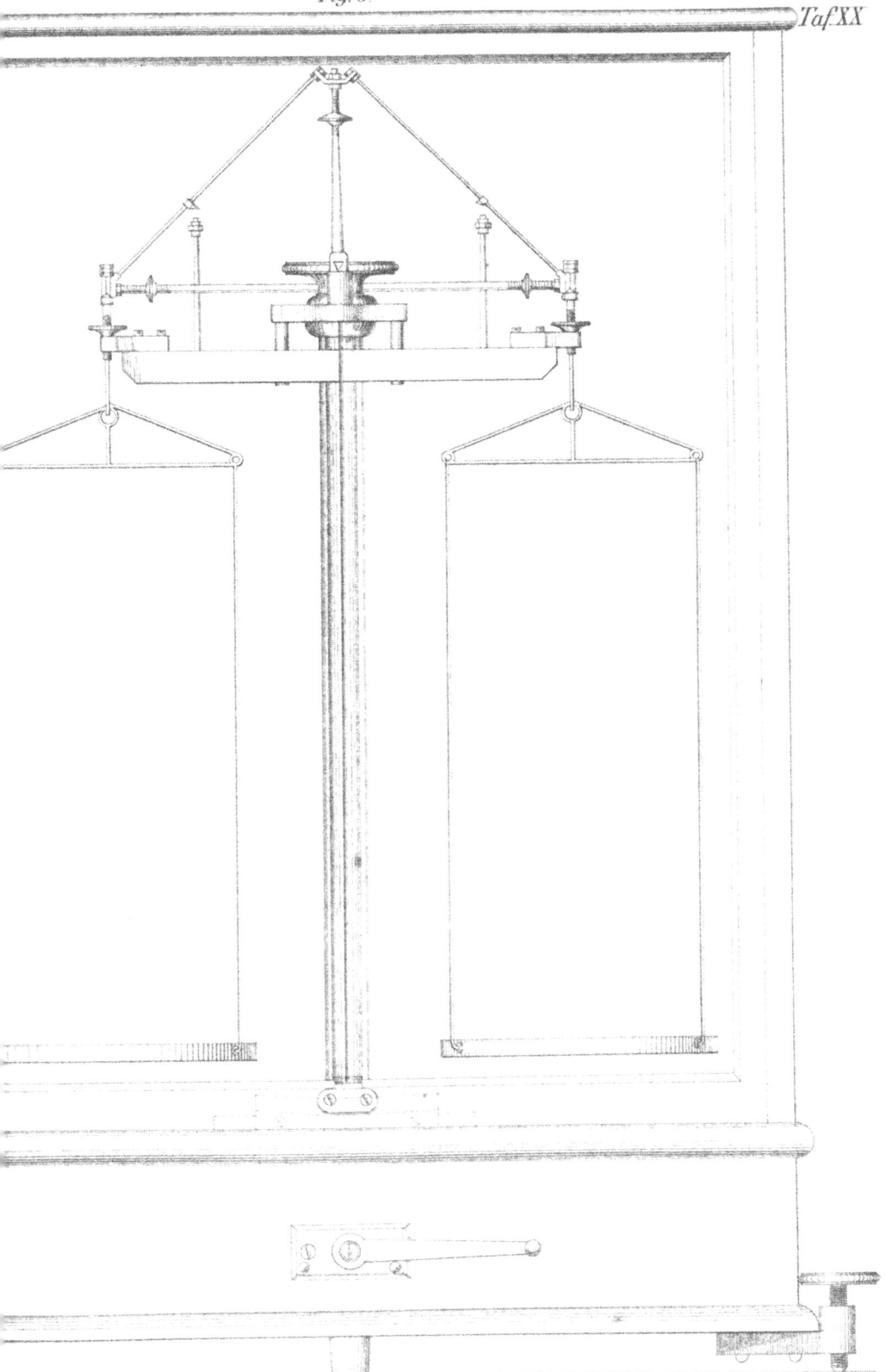

Fig. 6   Taf. XX

Bunge's Wage

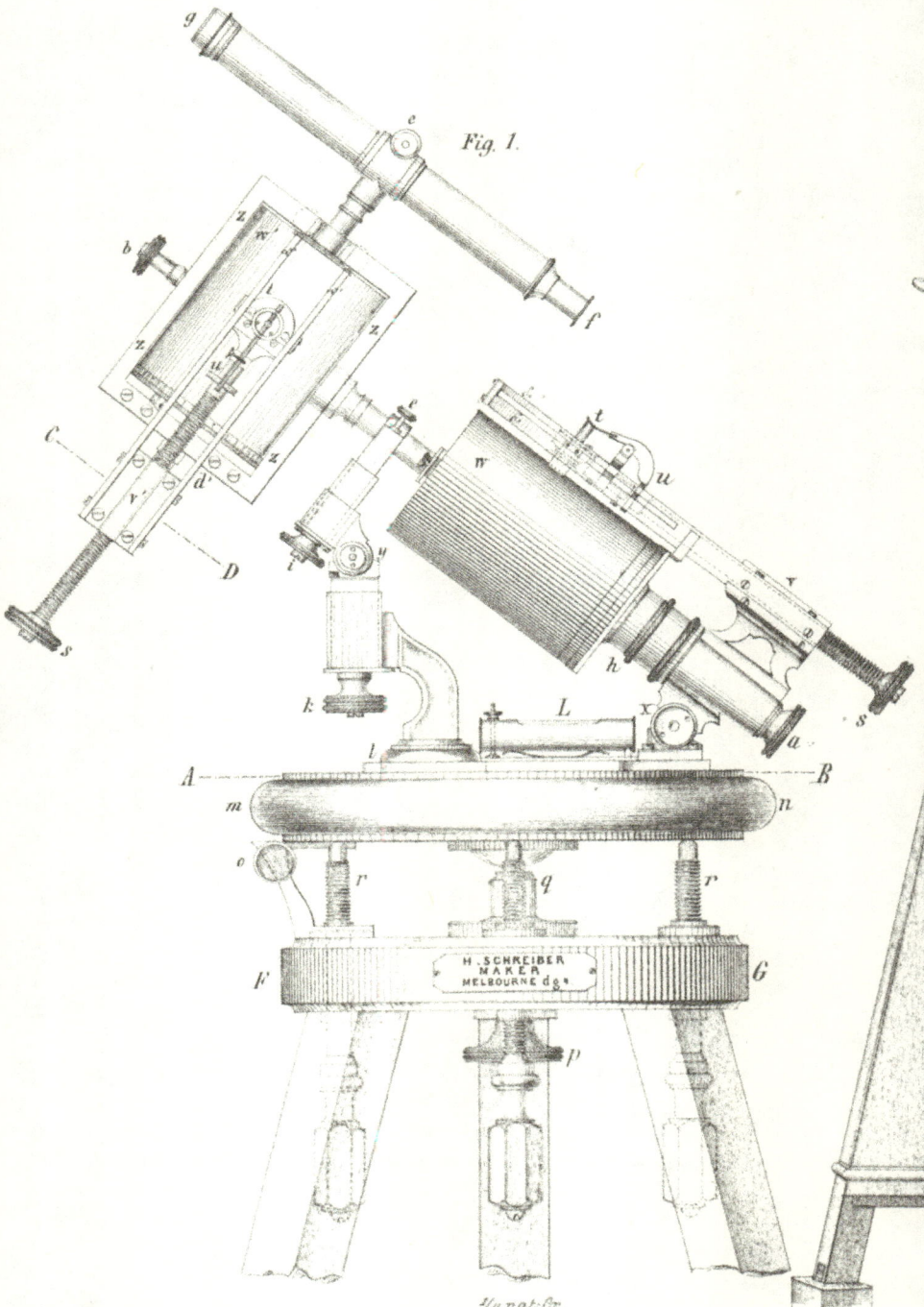

Fig. 1.

¼ nat. Gr.

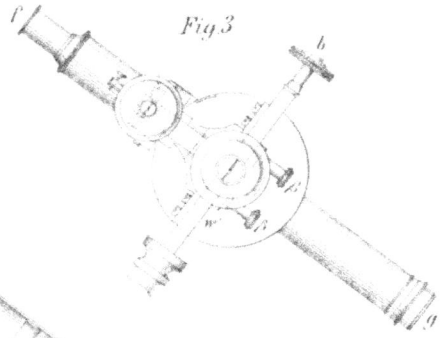

Fig 3

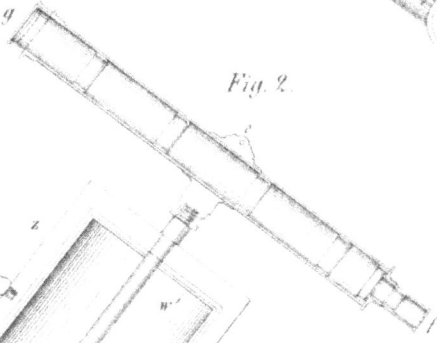

Fig. 2.

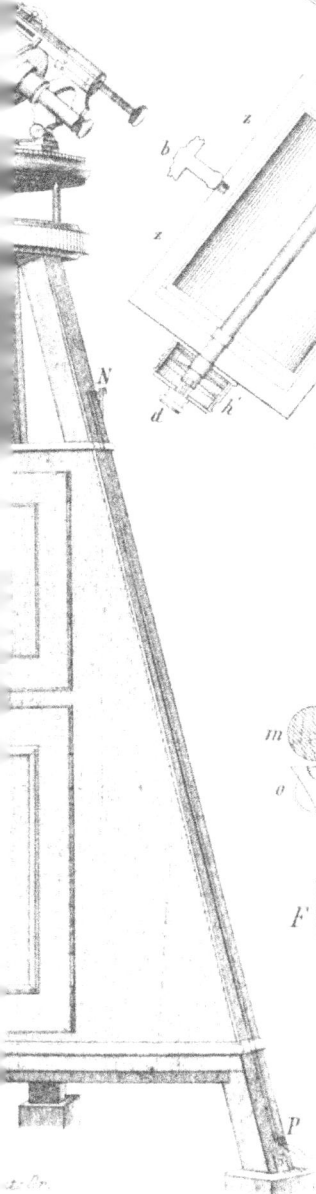

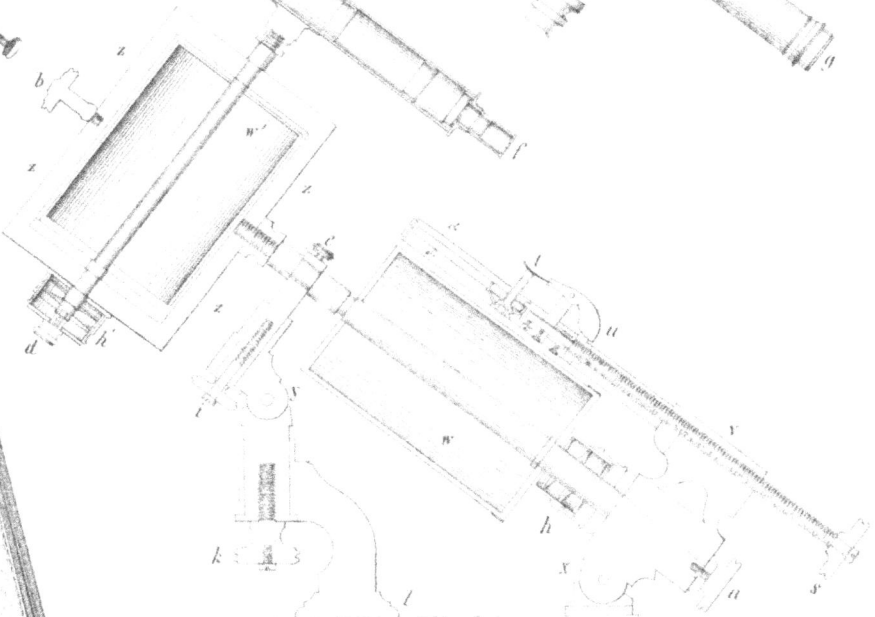

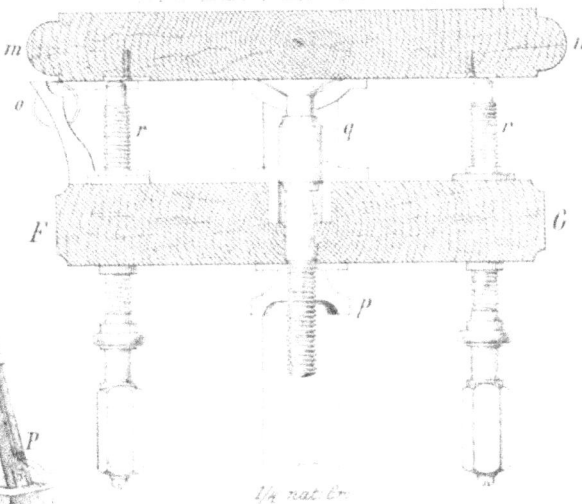

1/4 nat Gr.

Fig. 1.

Fig. 2.

v. Lang's Optische

Fig. 3.

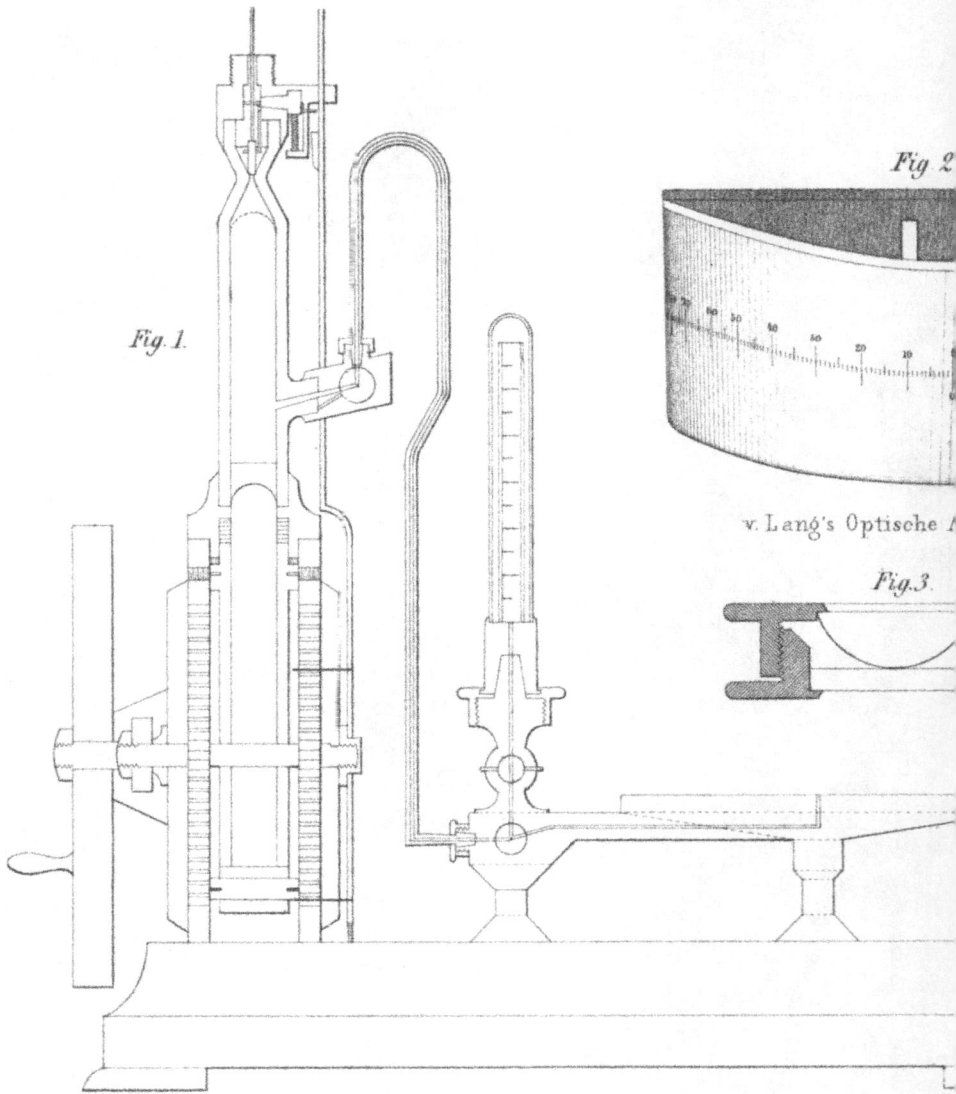

Kravogl's Quecksilberluftpumpe.

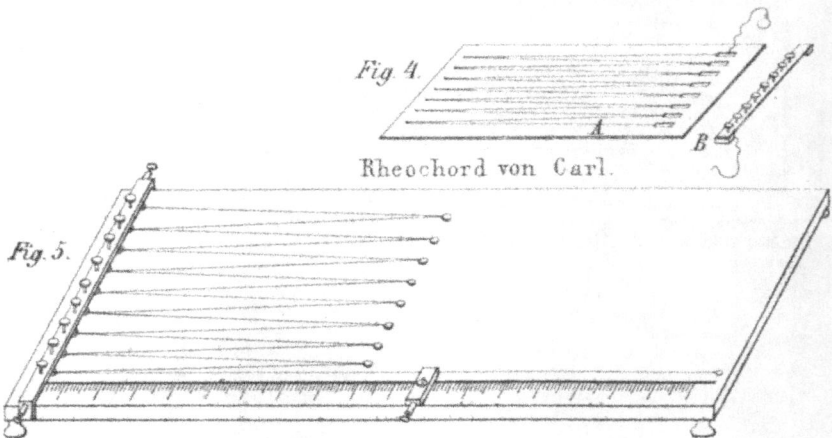

Fig. 4.

Rheochord von Carl.

Fig. 5.

Ph. Carl. Apparat zur Herstellung von Magneten.

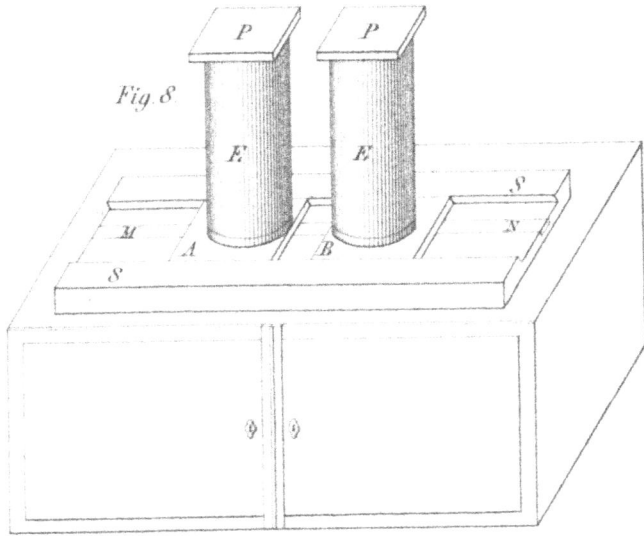

Fig. 8.

Ladd's Dynamo-electrische Maschine.

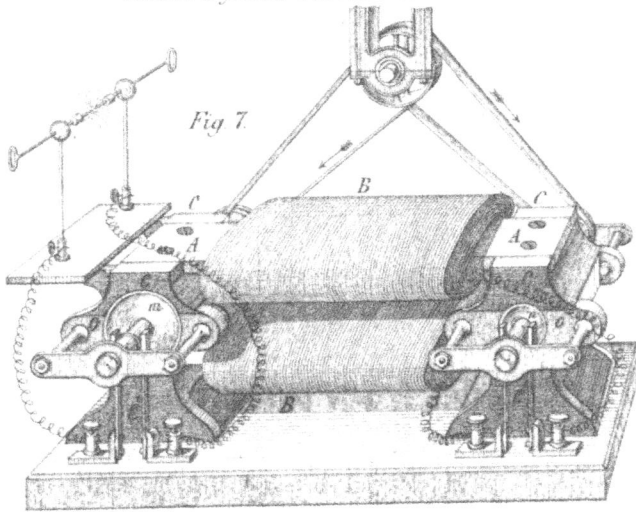

Fig 7.

Doppel-Rheochord von Carl

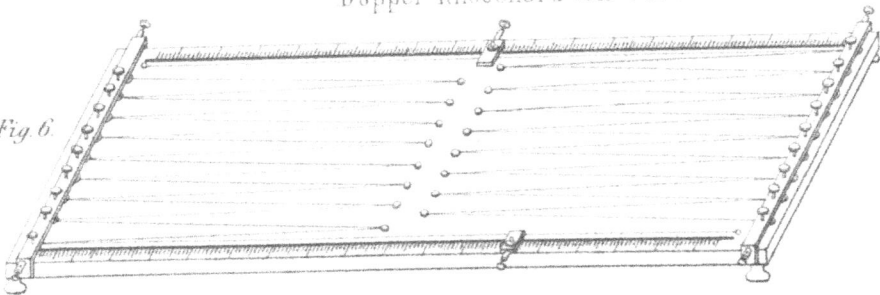

Fig. 6.

Grundriſs des
Trägers der Arretirung.

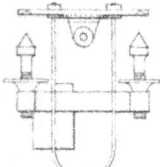

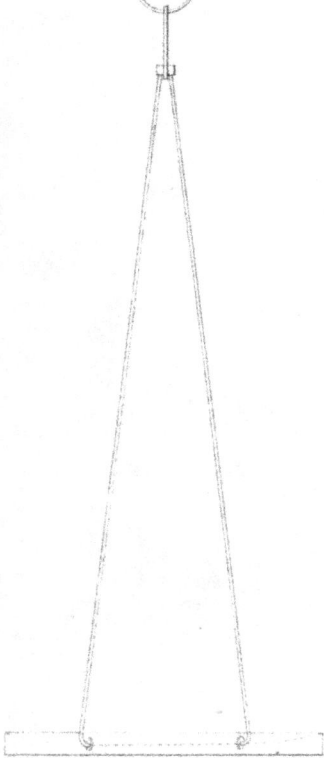

Seitenansicht der Aufhangung u.
Arretirung der Schalen.

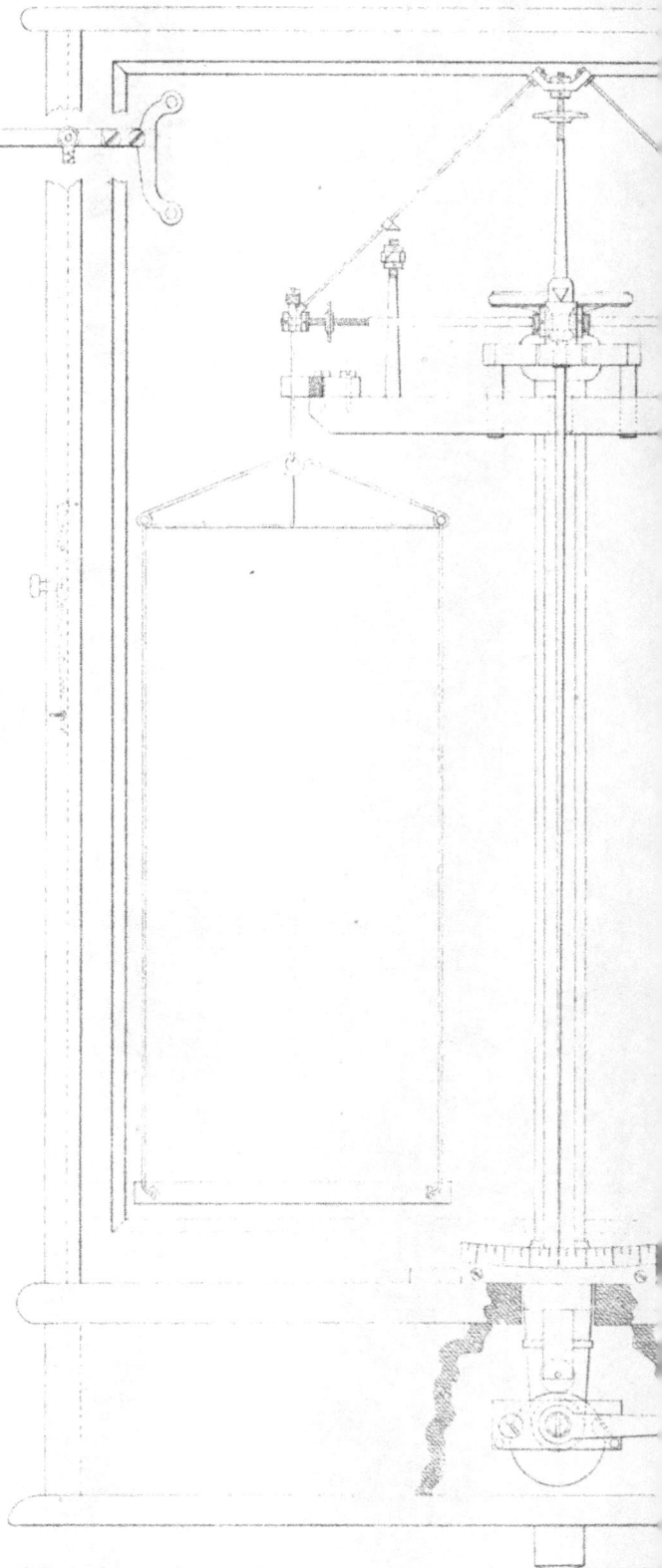

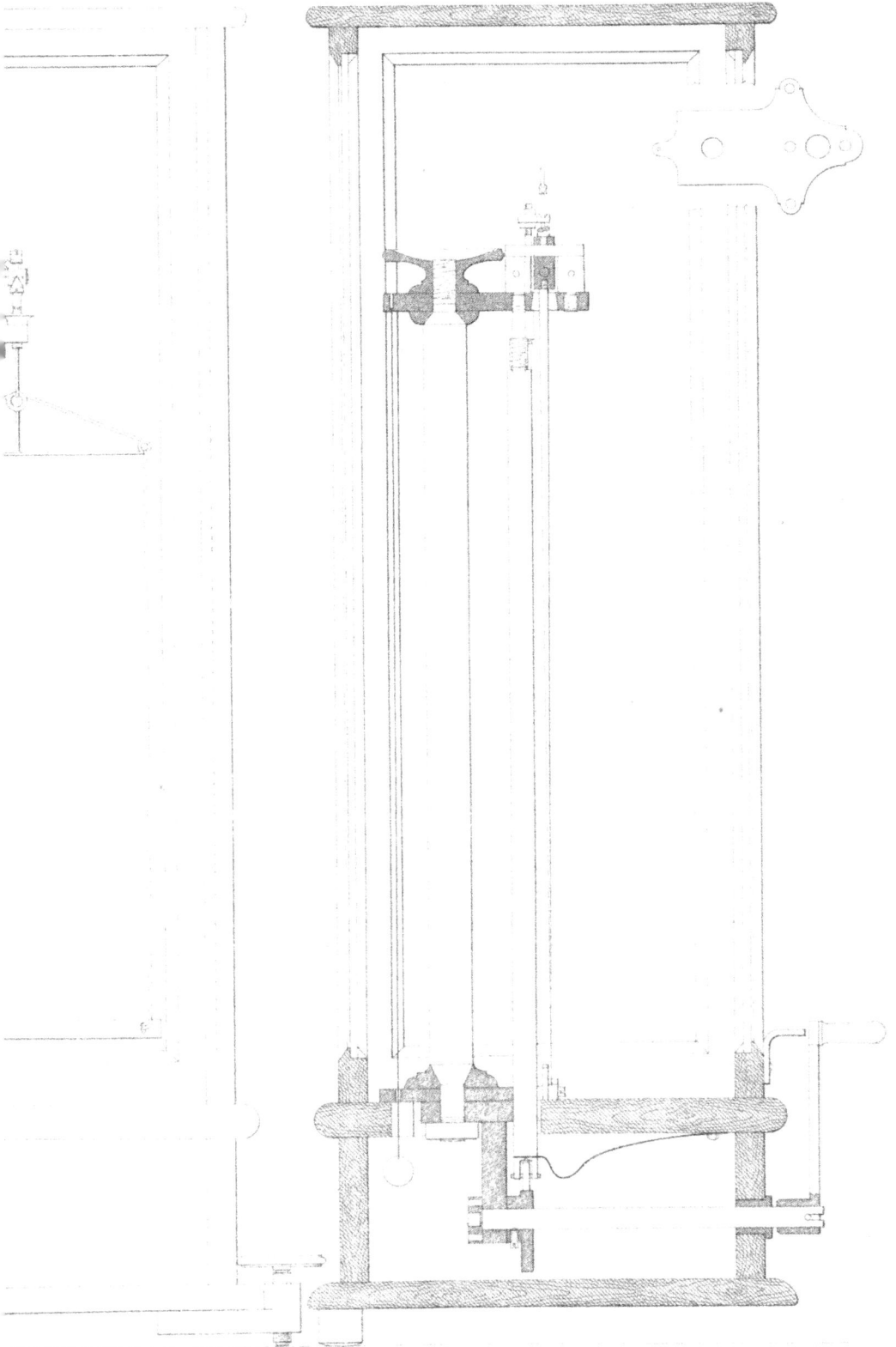

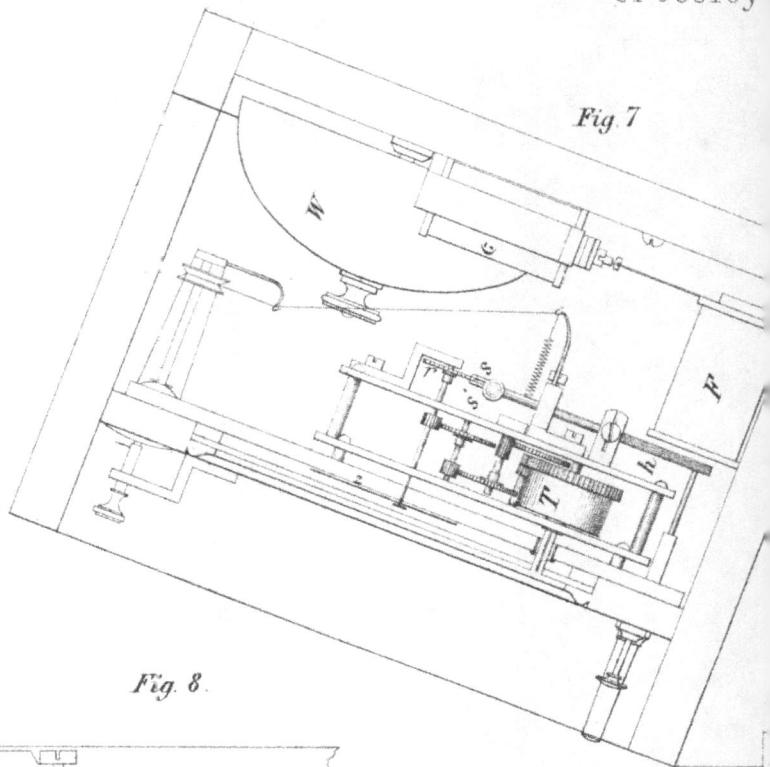

Fig. 7

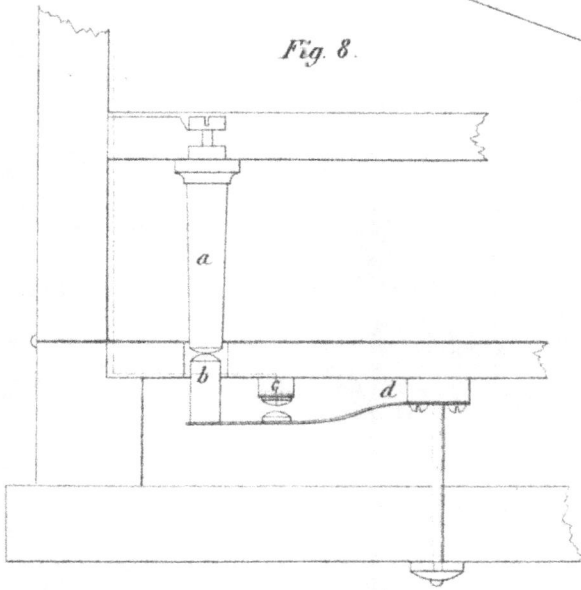

Fig. 8

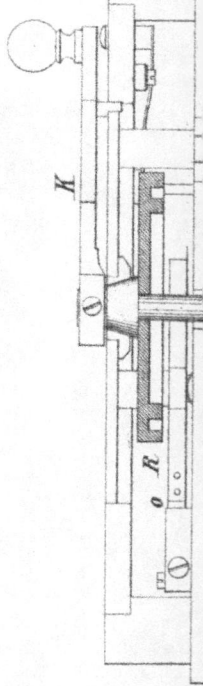

Fig. 6

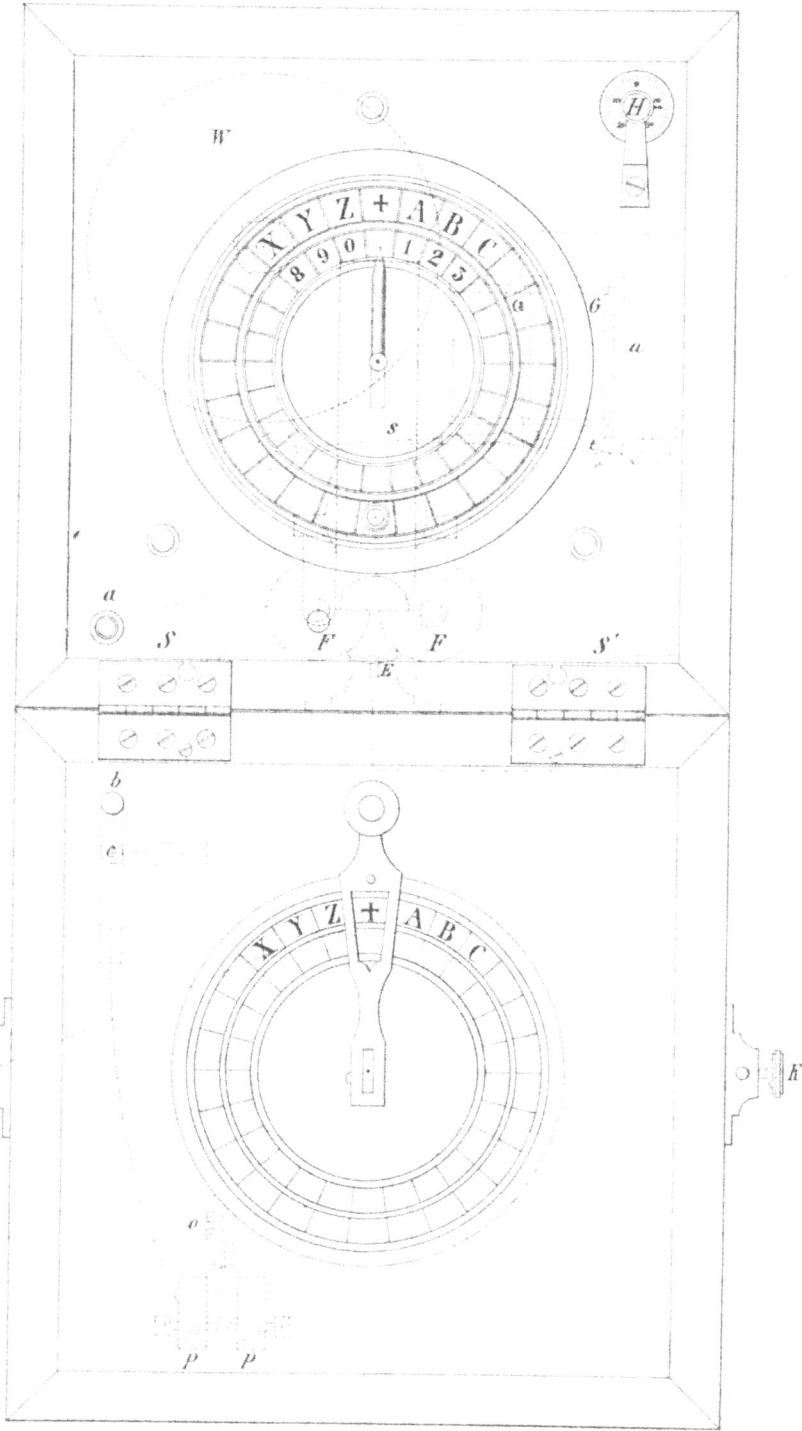

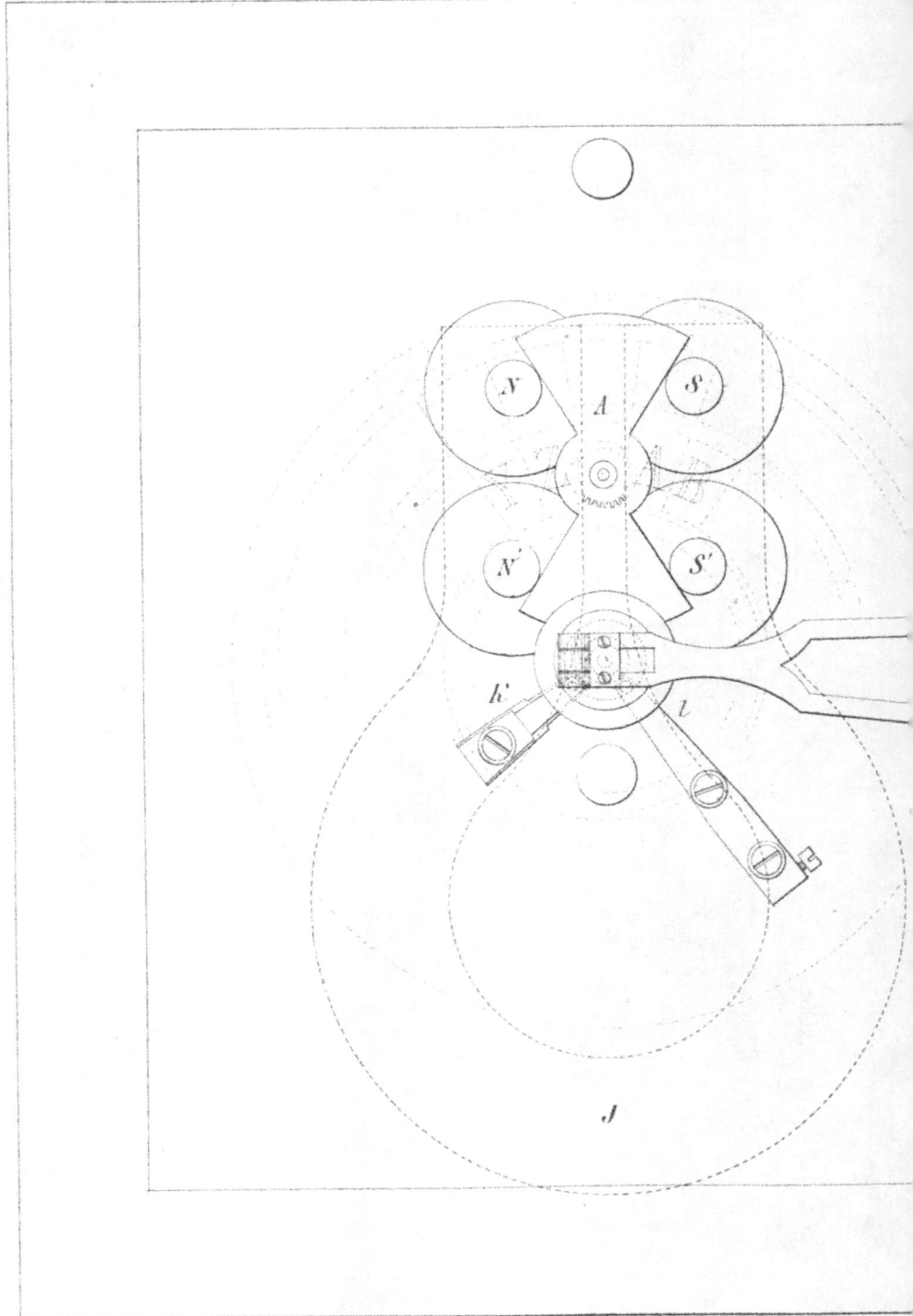

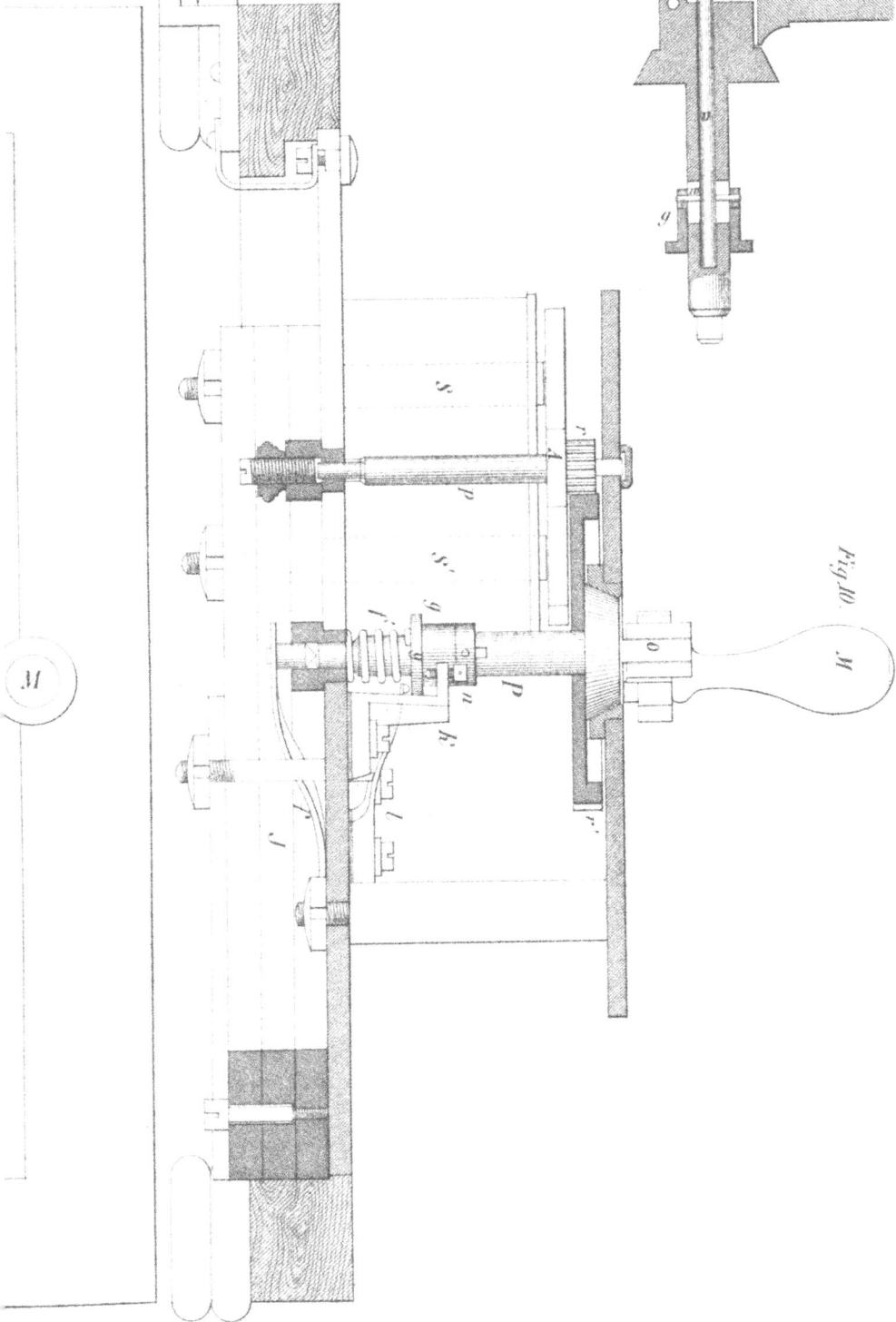

Fig.11.

Fig.10.

M

Fig. 12.

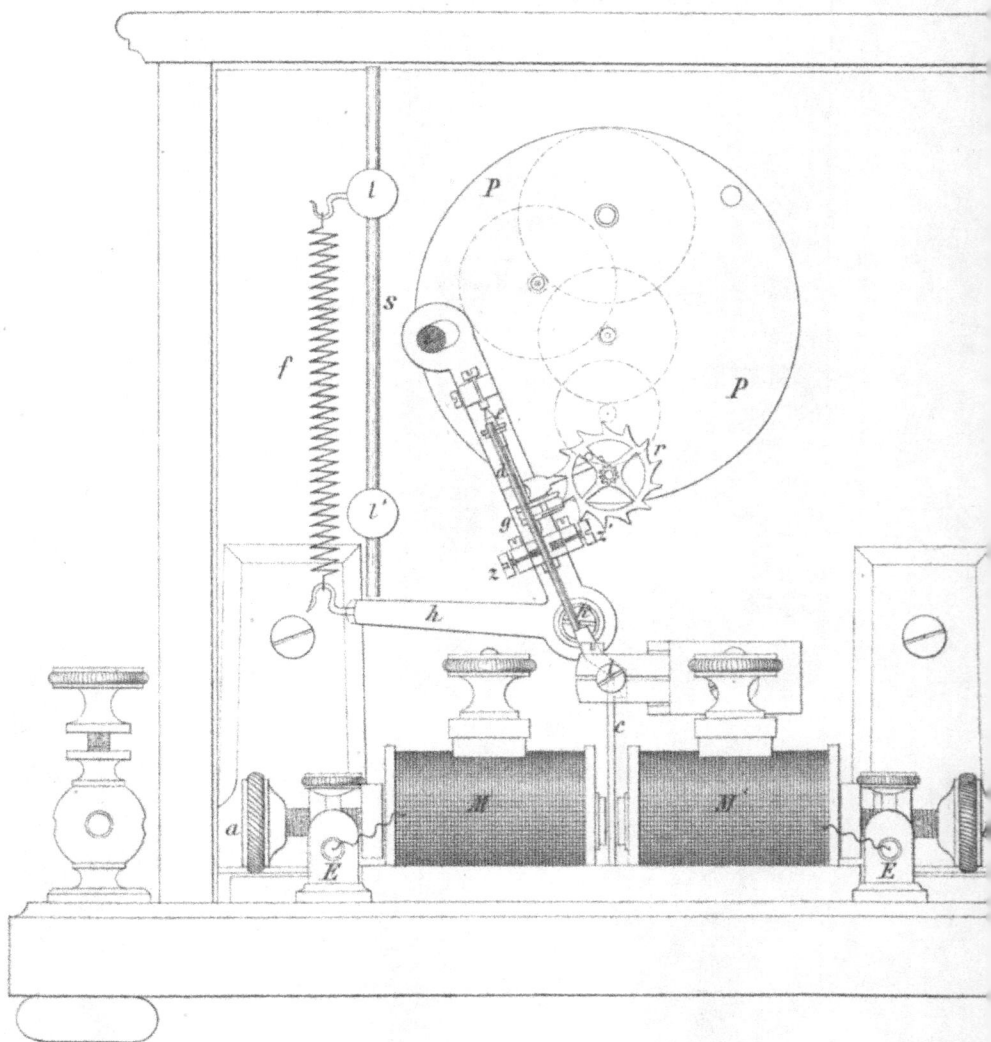

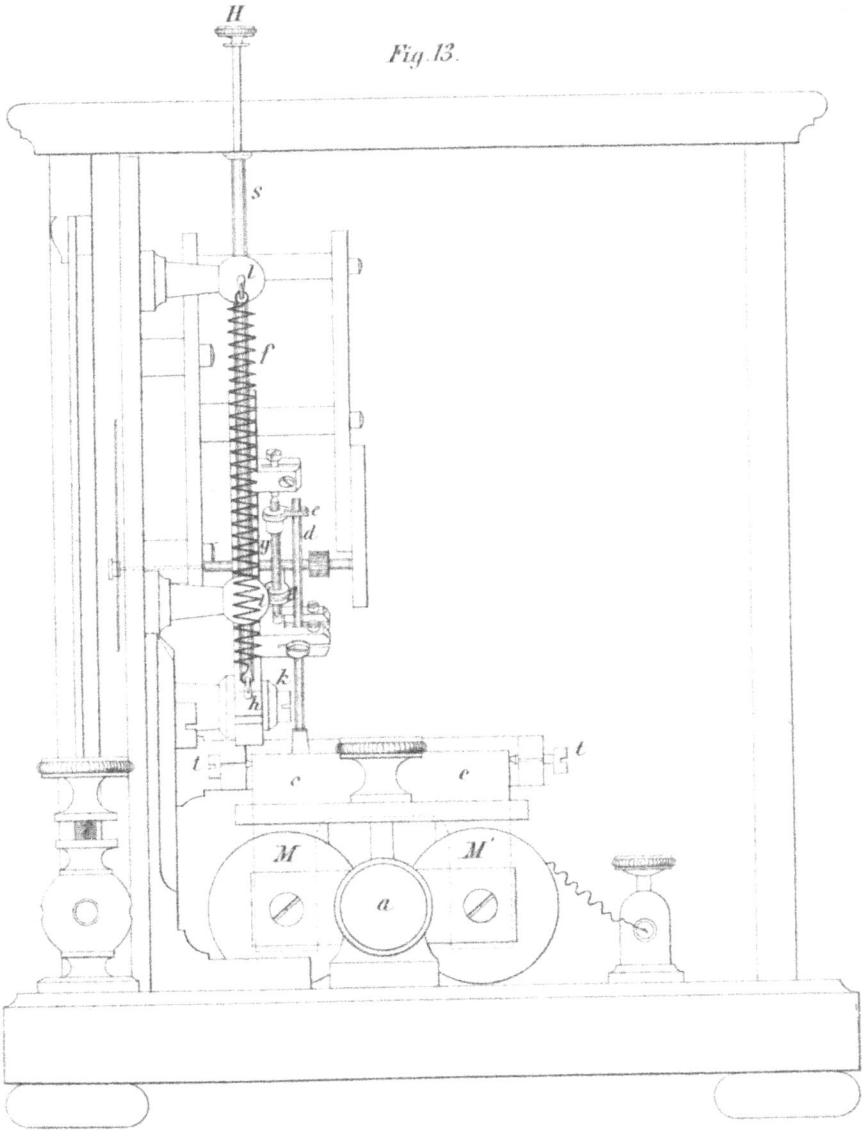

oëlectrischem Zeigertelegraphen.

Fig. 13.

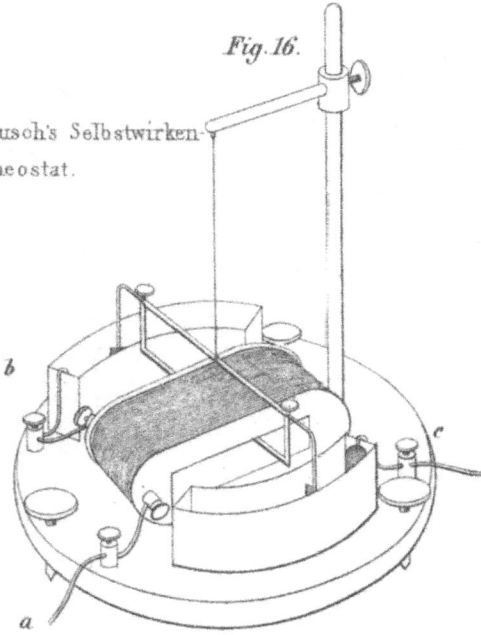

Fig. 16.

Kohlrausch's Selbstwirkender Rheostat.

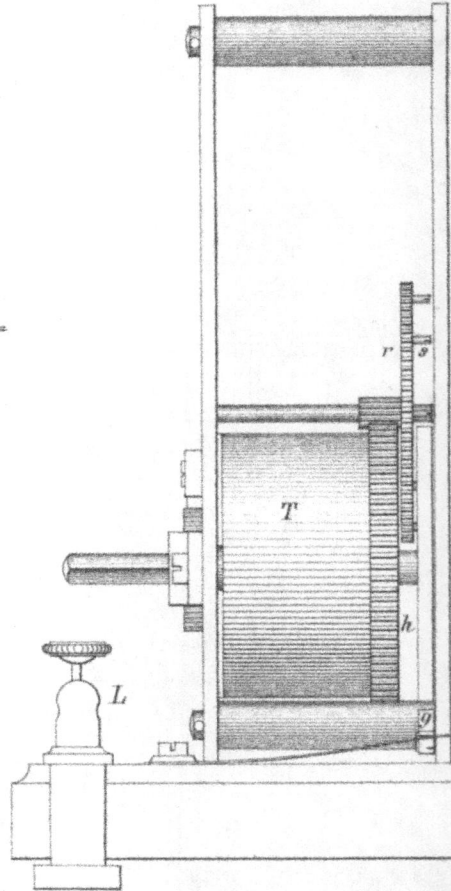

Fig. 15.

Bernier's Modification f.
$\frac{2}{3}$ nat. Größe.

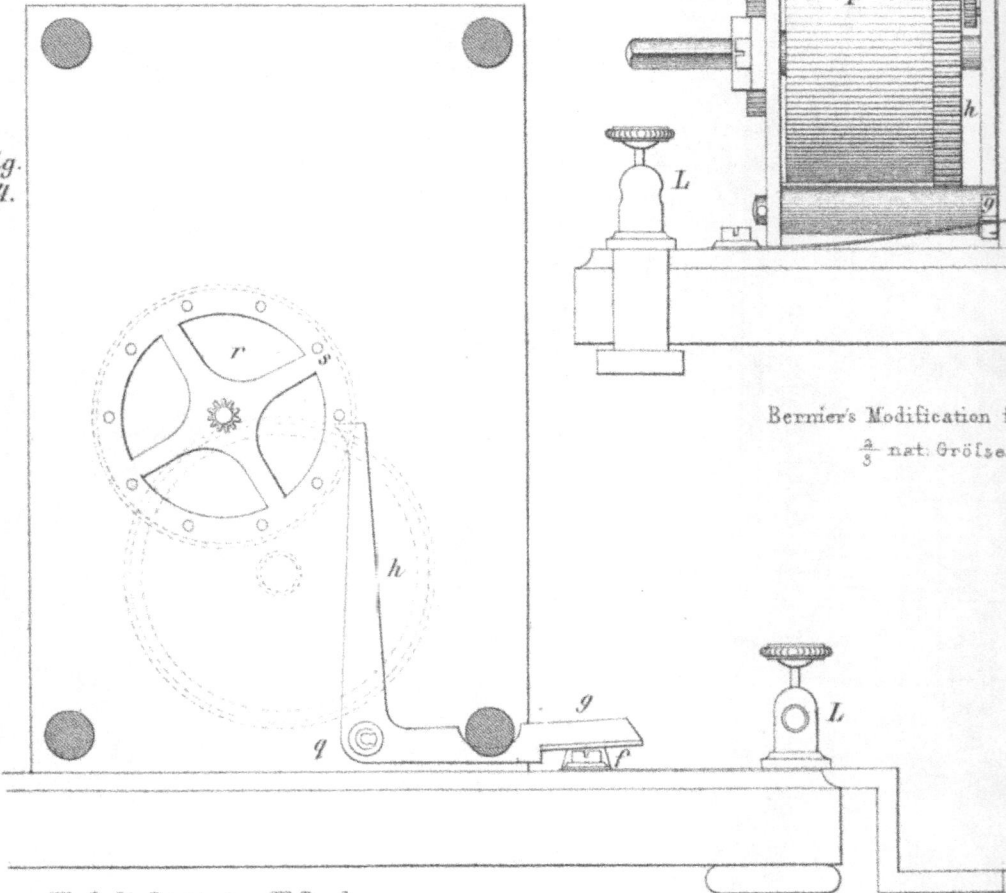

Fig.
14.

Fig. 17

Fig. 17 ^{b}

F

G_1 G_2 G_3 G_4 G_5 G_6

E

G_0

A

G_7

B

G_8

G_9

G_{10}

a a

K

C

Vorder-Ansicht.

D

Seiten-Ansicht.

Fig. 17 ^{a}

Grundriß.

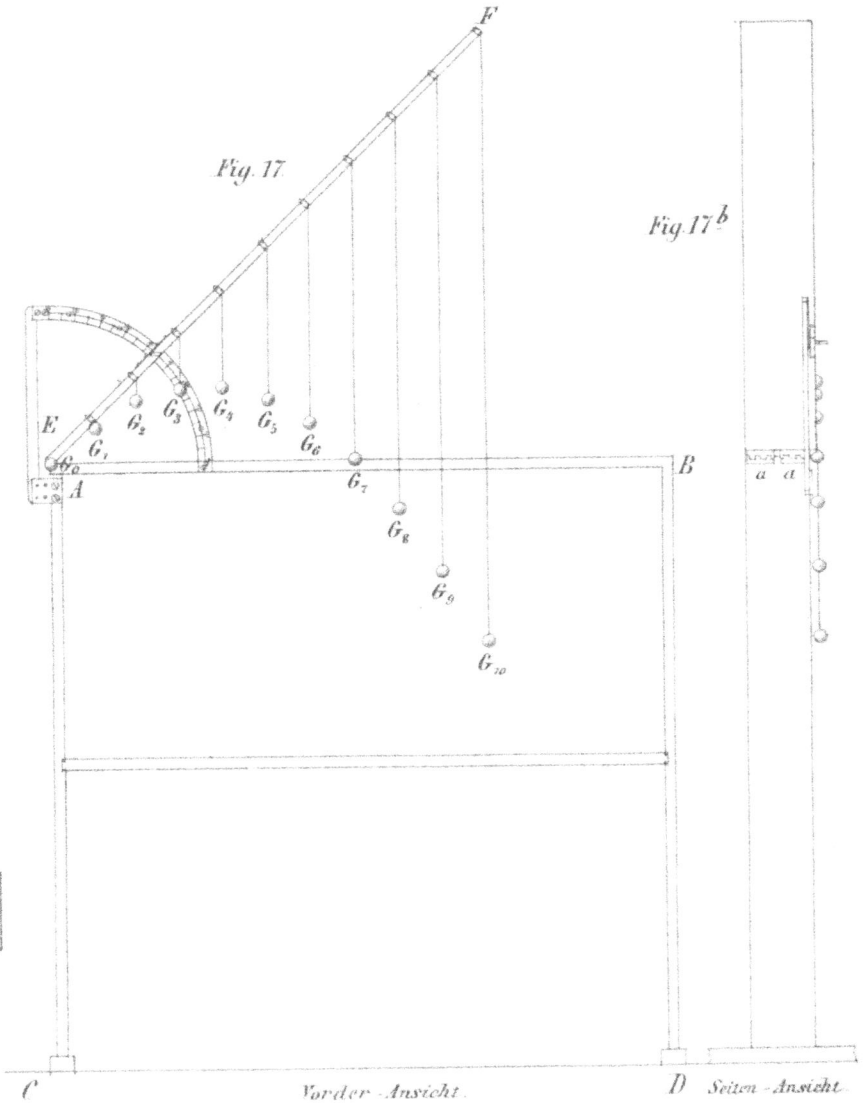

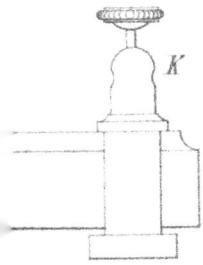

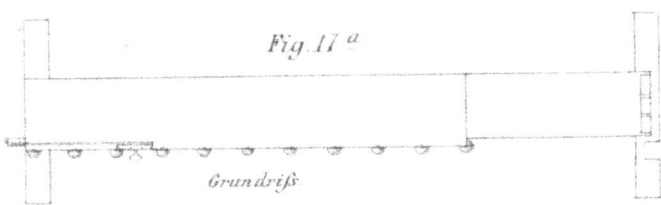

Hagenbach's Apparat zur Demonstration der Gesetze der Wurf-bewegung.

½ nat. Größe.

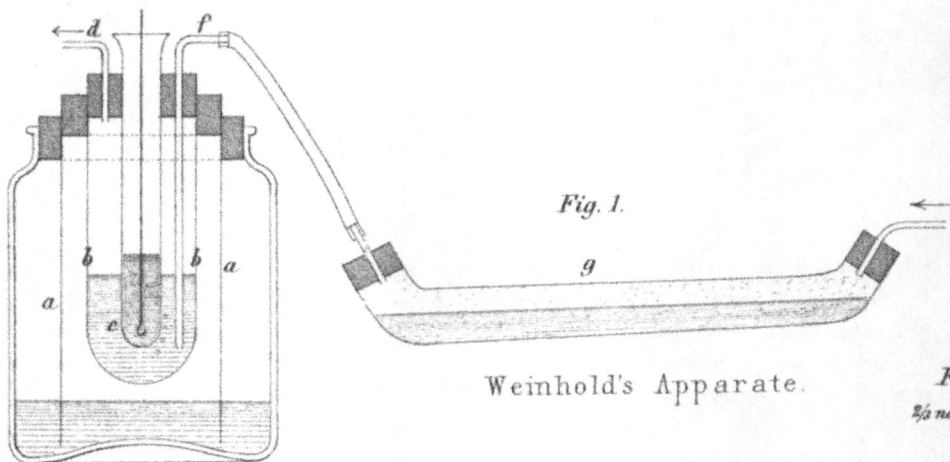

Fig. 1.

Weinhold's Apparate.

2/5 nat.

Fig.

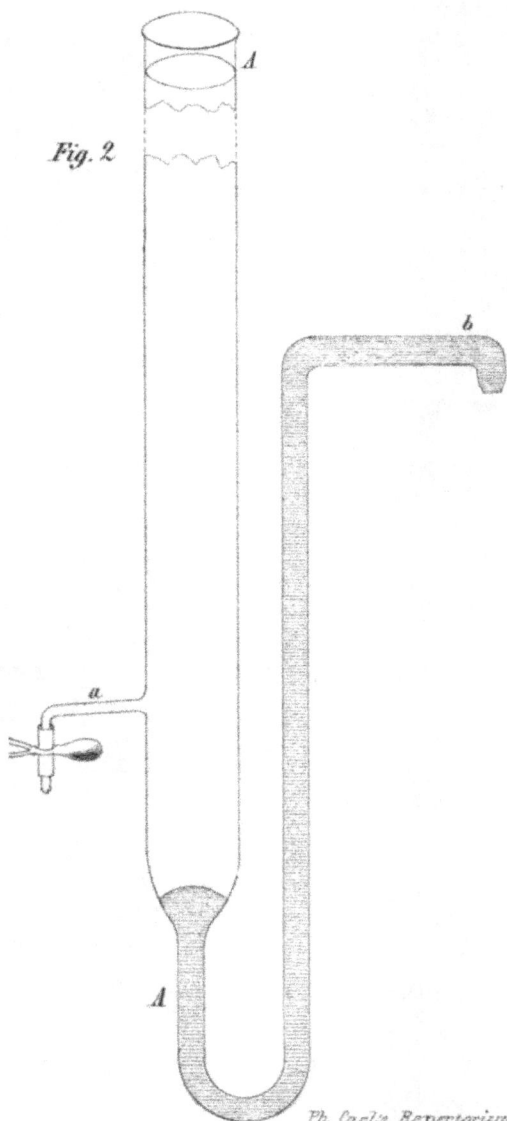

Fig. 2.

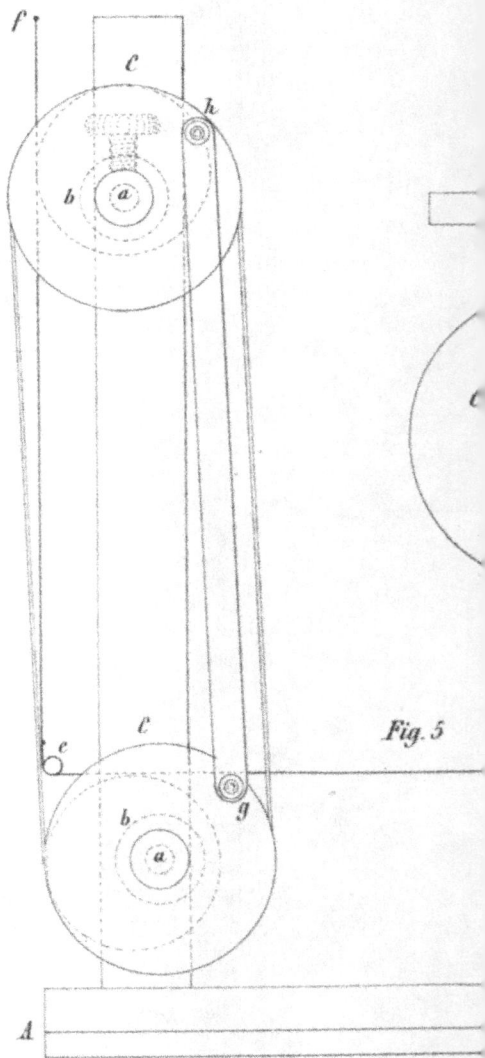

Fig. 5.

1/3 nat : 6

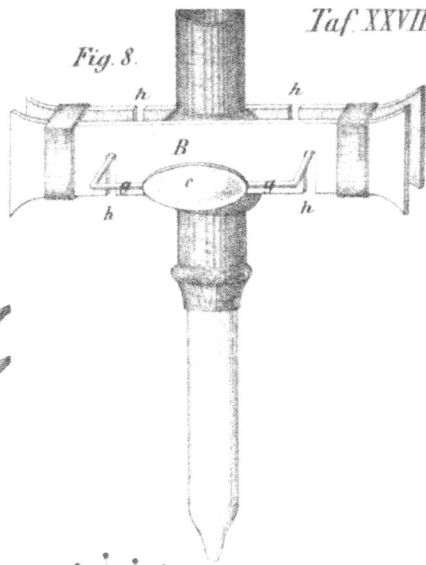

Taf. XXVIII.

Fig. 8.

Gintl's
Quetschhahn.

Fig. 7.

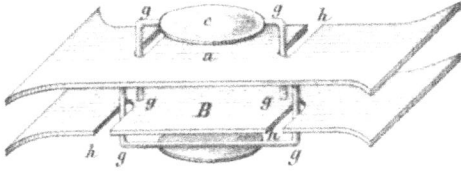

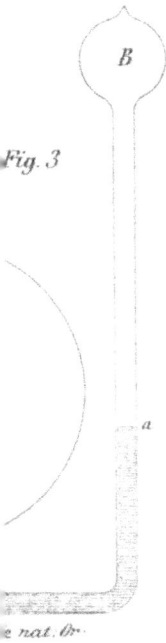

Fig. 3

e nat. Gr.

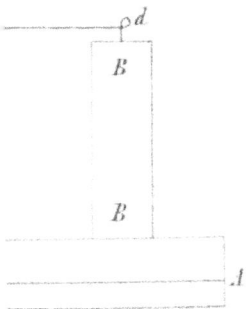

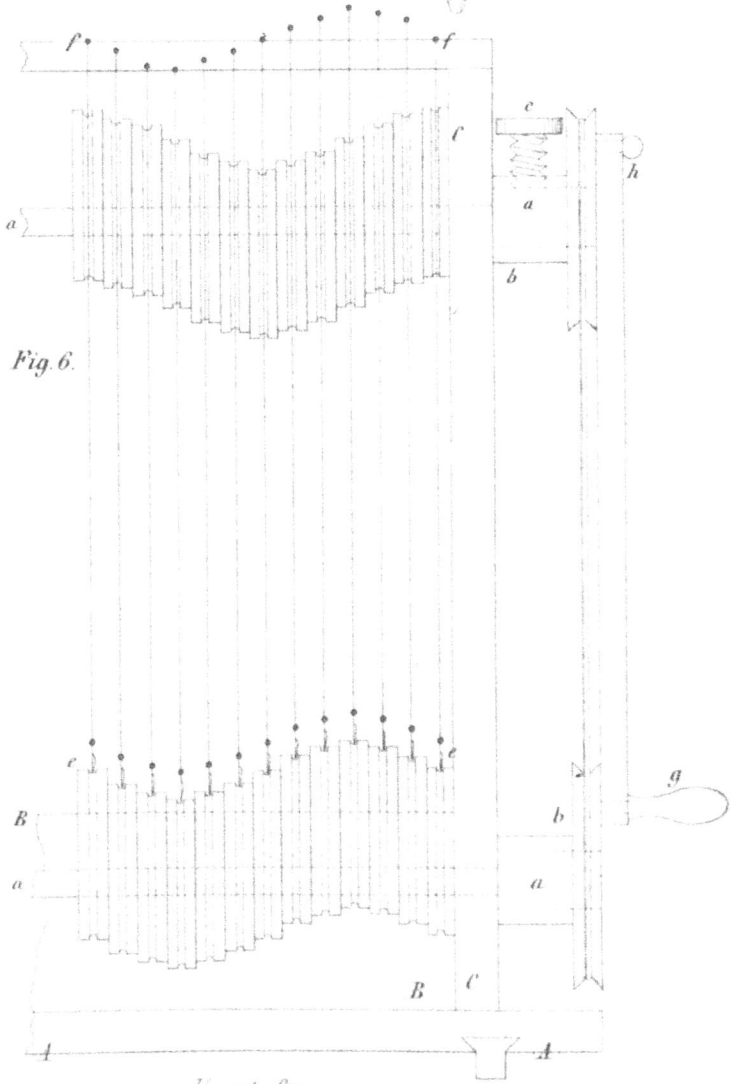

Fig. 6.

¹/₃ nat. Gr.

www.ingramcontent.com/pod-product-compliance
Lightning Source LLC
Chambersburg PA
CBHW031453180326
41458CB00002B/750